高密度水基钻井液
泥饼质量评价与控制方法

王平全　白　杨　孙金声　尹　达　著

石 油 工 业 出 版 社

内 容 提 要

本书从达西、过滤、沉积、渗流物理化学基本理论出发，结合现代过滤机理，分析了高密度水基钻井液滤失行为和泥饼形成过程。通过建立表征高密度水基钻井液滤失行为遵循的渗滤方程，弄清高密度水基钻井液在滤失过程中影响泥饼形成的因素及规律；通过确定表征泥饼性质的物理参数，弄清表征泥饼质量关键参数的影响因素，并分析其作用规律；通过建立能表征泥饼质量关键参数的数学模型并进行定量分析，提出了实现“优质”泥饼的控制原理；通过泥饼质量参数测定、泥饼微观结构分析、影响泥饼质量的高密度水基钻井液体系关键因素分析，形成了实现“优质”泥饼的可行性控制方法；最终给出了现场井浆泥饼质量整体特性评价程序。

本书可供钻井工程及科研院所相关专业技术人员参阅。

图书在版编目（CIP）数据

高密度水基钻井液泥饼质量评价与控制方法 / 王平全等著 . — 北京 ：石油工业出版社，2018. 11

ISBN 978-7-5021-9212-9

Ⅰ. ①高… Ⅱ. ①王… Ⅲ. ①水基钻井液-滤饼-质量评价②水基钻井液-滤饼-控制方法 Ⅳ. ①TE254

中国版本图书馆 CIP 数据核字（2018）第 254430 号

出版发行：石油工业出版社

（北京安定门外安华里 2 区 1 号楼　100011）

网　址：www. petropub. com

编辑部：（010）64523562

图书营销中心：（010）64523633

经　　销：全国新华书店

印　　刷：保定彩虹印刷有限责任公司

2018 年 11 月第 1 版　2018 年 11 月第 1 次印刷

787×1092 毫米　开本：1/16　印张：9. 5

字数：220 千字

定价：60. 00 元

（如出现印装质量问题，我社图书营销中心负责调换）

序

《高密度水基钻井液泥饼质量评价与控制方法》一书是由西南石油大学王平全教授、白杨副教授和中国工程院孙金声院士、中国石油塔里木油田分公司尹达高工根据他们近几年来对钻井液滤失进行深入研究所取得的成果撰写而成的。该书阐述了高密度水基钻井液滤失行为和泥饼形成过程，建立了表征高密度水基钻井液滤失行为的渗滤方程。研究分析了高密度水基钻井液在滤失过程中影响泥饼形成的因素及作用规律，明确了表征泥饼质量关键参数（即泥饼厚度、弹塑性、渗透性、润滑性、强度等）的物理意义及其对泥饼形成的贡献。建立了现场井浆泥饼质量相应的定量评价方法与评价程序。根据研究结果提出了实现“优质”泥饼的控制原理和方法，并指出在一定温度条件下钻井液的泥饼质量主要由液相黏度和降滤失剂及黏土、重晶石、封堵剂等固相粒子的数量及分散状态所决定，一方面利用钻井液液相黏度降低滤失速度，另一方面借助固相粒子进行架桥、逐级填充，再结合由降滤失剂的护胶作用保持足够数量的黏土胶体粒子……实现泥饼中各种颗粒的紧密堆集，改善泥饼质量特性、降低泥饼渗透率，降低滤失量。其中，降滤失剂、封堵剂和固相粒子的合理级配最为关键。

该书是第一本专门针对钻井液滤失及泥饼进行系统阐述的书籍，为读者全面理解如何评价泥饼质量、控制和实现“优质”泥饼提供了清晰的思路和做法，对于高密度水基钻井液体系及其应用技术研究具有一定的理论和实用价值，可供钻井工程、钻井液、固井、储层保护等工程技术人员参考，也可作为大专院校相关专业的教学参考书。

中国工程院院士
西南石油大学教授 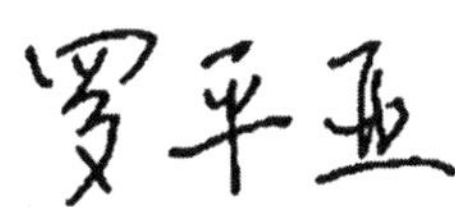

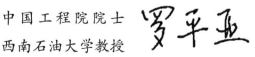

2018年9月18日

前　言

在采用抗高温高密度水基钻井液体系进行钻进的过程中，要求钻井液形成薄、韧、致密的优质泥饼，泥饼对钻具、钻头、井底钻具组合和包嵌岩屑具有很低甚至为零的亲和力。但高密度水基钻井液体系中往往添加大量的加重材料，当钻遇渗透性好、硬脆性、破碎性、煤岩地层时，其泥饼厚而虚，黏附及黏滞效应强，泥饼质量极差。泥饼质量这一重要指标往往被人们忽视。如测量高密度水基钻井液体系滤失时，一味地要求降低滤失量，无论室内还是现场，通过精心调控，都能做到滤失量很低，但 API 泥饼仍然较厚，尤其高温高压（HTHP）泥饼厚得惊人，虚而疏松，其结果只是一种假象。另外，在现场作业中盲目采用了成膜、屏蔽暂堵、封堵等技术，通过调整粒子大小、浓度、级配等方法改善泥饼质量，虽收到一定效果，但没有从根本上解决这一难题，也没有形成优质泥饼的相关理论体系和控制技术。各种类型的井眼问题都直接或间接地与泥饼性质有关，泥饼质量的好坏直接关系到井壁稳定、固井质量、井下安全和油气层保护问题。因此，高密度水基钻井液体系泥饼质量定量评价与实现优质泥饼的控制技术研究迫在眉睫。但是，直至今日，泥饼质量的评价与测定还仅仅局限于刻度直尺测量、针入度法和人为的观测法（估计法或目测法），没有规范的测定标准，尤其对要测定的指标还不清楚、不完善，零星出现的仪器也仅局限于室内研究，可取参数很少，评判方法和标准简陋、粗糙，无法用于指导现场生产。为了加快深部地层勘探开发步伐，减少或消除因高密度水基钻井液泥饼质量差带来的井壁稳定、井下安全和油气层保护问题，使深井、超深井钻井更安全、更快速有效生产，特意编写了《高密度水基钻井液泥饼质量评价与控制方法》。

本书共 4 章，主要介绍了高密度水基钻井液泥饼质量评价与控制方法，明确真实表征泥饼质量的关键参数及其物理意义与贡献，最大的优势是建立起高密度水基钻井液泥饼质量评价方法，提出了实现“优质”泥饼的控制原理，形成了实现“优质”泥饼的可行性方法，并给出了现场井浆泥饼质量整体特性评价报告书与评价程序，对指导现场生产具有深远意义。

在本书编写过程中，中国工程院院士罗平亚教授不仅提出了宝贵意见，还给予了精心指导和帮助，在此谨表谢意。

在编写过程中，难免有疏漏之处，还望广大读者指正，并提出宝贵意见。

作 者

2018 年 10 月

目　　录

1 国内外泥饼质量研究现状

国内外钻井工程界和钻井液工程界都清楚地意识到，在钻井过程中，泥饼质量的好坏和滤失量的大小不仅关系到井下复杂问题（如泥页岩和煤层的垮塌、缩径、卡钻、压力激动等）、固井质量和安全问题，而且与油气层保护、提高产能密切相关。因此，研究泥饼质量具有十分重要的意义。

1.1 国外泥饼质量研究现状

由于泥饼过厚造成黏附压差卡钻是钻进过程中最常见的复杂问题，常常引起过大的扭矩和阻力，给井壁稳定、固井质量和储层保护等带来极大的危害，这与泥饼和滤失量有着密切的关联，其中控制在井筒中形成的泥饼质量以最大限度地减少上述问题与钻井液滤失的关系是其核心技术。因此，泥饼质量这一问题早在 20 世纪 80 年代末国外就已涉足，近年来已引起国外钻井工程界的高度重视，成为研究热点。

泥饼与井壁稳定、固井质量、地层损坏程度、产能大小密切相关。尤其是钻进超深井，泥饼问题不容忽略。从国外研究情况来看，目前大多数工作重点放在数学模型的建立上，模拟动态情况下泥饼的形成、泥饼微观结构、泥饼对滤失的影响。研究的结果一般是建立起一种包含诸多影响因素的数学关系式。

国外在研究泥饼的微观结构时多采用冷冻干燥技术，这一技术常用于研究聚合物钻井液所形成的泥饼，观察其结构，分析高分子对泥饼形成的影响。

国外学者在动滤失条件下，将不同钻井液所形成的泥饼做了许多泥饼切片，通过 X 射线衍射得到泥饼结构照片。研究表明，泥饼是由黏土颗粒絮凝而成，它是一种空间网架结构，网架孔隙中充满了电解质溶液，就此认为泥饼属于黏土颗粒的絮凝系统。泥饼絮凝系统结构的复杂性，限制了对泥饼特性的深入研究。

1988 年，美国石油工程师协会（SPE）K. G. Arthur，J. M. Peden 等人花了较多时间研究钻井液泥饼性质及其对滤失的影响，欲将泥饼的物理特性参数与滤失联系起来，从流体通过泥饼、平均泥饼抵抗力和孔隙度、“经典的”过滤方程、抛物线偏差等方面推导并建立起相关的静态过滤方程。静态过滤方程推导过程如下：

（1）流体通过泥饼。

流体通过泥饼间隙的过程是一个液压渐变过程，停止流动的固体在泥饼过滤时被积压。固体颗粒上被施加了一个拖拽力，固体颗粒随着液体朝过滤介质运动时而积累下来。在穿过泥饼运动时，从表面到过滤介质施加的压力 p_s 增加，而液压 p_l 减少。如果泥饼是不可压缩的，那么随着施加压力的增加，泥饼上的固体颗粒就不会出现被压紧的现象。然而，实际上几乎所有的泥饼都因 p_s 增加被压实。这些可压缩的泥饼表现出非循序渗透性和孔隙性，在泥饼表面存在一个最大值（$p_s=0$），泥饼中部存在一个最小值（$p_s=\Delta p$）。

（2）平均泥饼抵抗力和孔隙度。

滤失过程基于下面的观点而形成：

①流体通过的泥饼是层状的。

②泥饼的所有为阻抗力贡献的因素对液流来说都归为特定阻抗力。

③液压由液体拖拽转换成机械压力压至固体上。

对于不可压缩的泥饼，特定阻抗力不断地通过泥饼，但是对于一个可压缩的泥饼来说，特定阻抗力就是固体压力产生的结果，并由此在泥饼里有了位置并固定下来。从过滤介质表面到阻抗力对通过泥饼不同流量的距离 x 称为特定阻抗力点，记为 α_x，平均特定阻抗力为 α_{avg}，它是特定阻抗力点的平均数。α_{avg} 与 α_x 的关系见式（1.1）：

$$\alpha_{avg} = \frac{1}{\Delta p_c}\int_0^{\Delta p_c} \alpha_x \mathrm{d}p_s \tag{1.1}$$

根据式（1.2）可以计算出平均孔隙度 ε_{avg}：

$$\varepsilon_{avg} = \frac{1}{l}\int_0^{l} \varepsilon_x \mathrm{d}x \tag{1.2}$$

为了求出式（1.1）的积分，式（1.2）中的 α_x 和 ε_x 必须被表达成 p_s 的作用结果。Tiller 等人用式（1.3）至式（1.5）来描述固液分离的普遍情况。

$$\alpha_x = \alpha_0 p_s^n \tag{1.3}$$

$$\varepsilon_x = E p_s^{-\lambda} \tag{1.4}$$

$$1 - \varepsilon_x = B p_s^{\beta} \tag{1.5}$$

式中，n 为泥饼的压缩系数。

将式（1.3）至式（1.5）和达西定律联立，则泥饼的阻抗力可表示为：

$$\frac{-\mathrm{d}p_l}{\mathrm{d}x} = \frac{\mathrm{d}p_s}{\mathrm{d}x} = \frac{\mu q}{k_x} = \mu p_s(1-\varepsilon_x)\alpha_x q \tag{1.6}$$

对式（1.1）和式（1.2）进行积分，可以被用来计算 α_{avg} 和 ε_{avg}。

$$\alpha_{avg} = \frac{\alpha_0 \Delta p_c^n}{1+n} \tag{1.7}$$

$$1-\varepsilon_{\mathrm{avg}}=B\left(\frac{1-n-\beta}{1-n}\right)\Delta p_{\mathrm{c}}^{\beta} \tag{1.8}$$

平均孔隙度和平均渗透率可分别从式（1.9）和式（1.10）得出：

$$\varepsilon_{\mathrm{avg}}=\frac{(m-1)p_{\mathrm{s}}/p_{\mathrm{f}}}{1+(m-1)p_{\mathrm{s}}/p_{\mathrm{f}}} \tag{1.9}$$

$$K_{\mathrm{avg}}=\frac{1}{\alpha_{\mathrm{avg}}(1-\varepsilon_{\mathrm{avg}})p_{\mathrm{s}}} \tag{1.10}$$

局部孔隙度与泥饼的厚度分数比 x/l 可通过式（1.11）计算：

$$\frac{x}{l}=1-\left(\left|\frac{1-\varepsilon_x}{B}\right|^{\frac{1}{\beta}}\cdot\frac{1}{\Delta p_{\mathrm{c}}}\right)^{1-n-\beta} \tag{1.11}$$

（3）“经典的”过滤方程。

达西定律假设泥饼、过滤介质阻抗力、Ruth 的泥饼阻抗力与泥饼的固体积压量成线性比例，即可得到所谓的“经典的”过滤方程。

$$t=\frac{\mu\alpha_{\mathrm{avg}}\rho_{\mathrm{fs}}}{2(1-ms)A^2\Delta p}V^2+\frac{\mu R_{\mathrm{m}}}{A\Delta p}V \tag{1.12}$$

由此可见，t/V 和 V 呈直线关系。

（4）抛物线偏差。

众所周知，在过滤早期，泥饼的压力下降不是恒定的，式（1.12）明显存在偏差，即抛物线偏差。

为了推导出式（1.12），假设 α_{avg} 和 m 都是恒定不变的，但是由于式（1.7）定义的 α_{avg} 是泥饼压力下降作用的结果。从过滤开始，所有的压力下降都跨过过滤介质，作为泥饼建立起的更多压力下降在通过泥饼时被减弱，因此通过过滤介质时就减小了。结果导致在过滤初始阶段 α_{avg} 值不同，直至通过泥饼时压降才几乎恒定不变。如果泥饼阻抗力要比过滤介质大很多倍，那么达到恒定值的泥饼压力降的时间将会很短。除非 $R_{\mathrm{m}}=0$，那么 $\Delta p\neq\Delta p_{\mathrm{c}}$，并且它不可能得到真正的恒定泥饼压力下降过滤值。

Kozicki 等人修改了基本过滤方程，使其适用于初始时期 α_{avg} 和 $\varepsilon_{\mathrm{avg}}$ 变化的不同值，见式（1.13）。

$$t=\frac{\mu\alpha_{\mathrm{avg}}\rho_{\mathrm{fs}}}{2(1-ms)A^2\Delta p}V^2+\frac{\mu R_{\mathrm{m}}}{A\Delta p}V+\int_0^{V_{\mathrm{i}}}F(V)\,\mathrm{d}V \tag{1.13}$$

$$F(V)\neq 0,\ 0\leqslant V\leqslant V_{\mathrm{i}}$$

$$F(V)=0,\ V\geqslant V_{\mathrm{i}}$$

式中，V_i 为在抛物线形行为之前收集的过滤量；α_{avg}和 m 为到初始非抛物线时期的恒定值。

$$t_0 = \int_0^{V_i} F(V)\,\mathrm{d}V \tag{1.14}$$

由式（1.14）推导出式（1.15）：

$$t = t_0 + \frac{\mu\alpha_{avg}\rho_{fs}}{2(1-ms)A^2\Delta p}V + \frac{\mu R_m}{A\Delta p}V \tag{1.15}$$

修改后的 $t_0/V \to 0$，随着 V 的增加，式（1.15）很可能在喷射期无效，包括大量惯性结果，没有由达西定律表达出来。Glenn 等人从积累的过滤量、时间数据中分别减掉初始滤失量和过滤时间，然后从积压在表面上和在过滤介质缝隙里的固体着手，将式（1.15）变成式（1.16）：

$$t - t_{sp} = \frac{\mu\alpha_{avg}\rho_{fs}}{2(1-ms)A^2\Delta p}(V - V_{sp})^2 + \frac{\mu}{A\Delta p}(R_m + R_{sp})(V - V_{sp}) + t_0 \tag{1.16}$$

式中，V_{sp}是滤失量；R_{sp}是在过滤期间 t_{sp} 固体积压的阻抗力。

由
$$t - t_{sp} = t'\alpha_1 = \frac{\mu}{A\Delta p}(R_m + R_{sp})$$

$$V - V_{sp} = V'\alpha_2 = \frac{\mu\alpha_{avg}\rho_{fs}}{2(1-ms)A^2\Delta p}$$

推导出
$$t' = t_0 + \alpha_2 V'^2 + \alpha_1 V' \tag{1.17}$$

t_0 为 R_{sp}随时间变化的校正。t_0、α_1 和 α_2 值可以由实验获得的过滤数据用一个至少二次二项式求得。

上述假设和推导仅仅用数学关系式表达出了泥饼某些物理特征及其与滤失量的关联，具有很好的理论价值，但实际操作困难，数据处理棘手，实际意义不大。

1988 年，Albert Hartmann、Mustata özerler、Claus Marx、Hans-Joachlm Neumann 等人利用这项技术也发现含膨润土钻井液的泥饼呈蜂窝状结构，认为钻井液凝胶强度的提高对动态形成的泥饼结构具有相当大的影响。但这项技术很少用于观察高密度水基钻井液所形成的泥饼。

1990 年，Zamora、Mario、Lai、T. Damon、Dzialowski 和 K. Andrew 等人借助高温高压动态测试仪在高温和高压差动滤失条件下测量滤失量，并配合使用 FCP 泥饼针入度仪研究了静滤失和动滤失泥饼特性，认为确定滤失的潜在问题，获得静滤失或动滤失泥饼厚度，测试降滤失处理剂性能都是非常有用的。

1991 年，J. P. Plank、F. A. Gossen 等人采用电镜扫描技术分析研究了真空冷冻干燥条件下聚合物钻井液滤失现象和泥饼情况。以 3 种聚合物钻井液（淀粉、聚阴离子纤维素复配高温稳定剂、磺化聚合物）为研究对象，考察了电解质（氯化钠、氯化钙、氯化镁）污染在高温（200~350℉[❶]）下对滤失的影响。研究认为，聚合物钻井液泥饼具有蜂窝状结构；API 滤失量和聚合物形态之间具有相关性；聚合物表现为内泥饼孔隙桥梁形式特征；低黏度 PAC 具有多种桥梁模式；钙盐增加并未改变羟基胺聚合物的面貌。

1991 年，M. E. Chenevert、Huycke 和 John 等人为了更好地理解泥饼微观结构，欲借助此类信息改善泥饼质量来防止和控制压差卡钻。就 4 种不同滤失控制添加剂（聚丙烯酸钠、羧甲基纤维素、淀粉、木质素）在膨润土悬浮状态下进行了综合评价，利用冷冻干燥技术和电镜扫描技术研究了静态和动态两种条件下所形成泥饼的微观结构。先采用美国石油协会（API）标准滤失实验测定滤失量，取出泥饼用柔和水流去除表面松散层，然后用异戊烷冷却至-140℃。泥饼中的水分在低温下凝聚，冷冻的水分在干燥的真空中升华，最后冷冻干燥后的泥饼用电镜扫描观察其结构。研究结果表明，膨润土水基钻井液所形成的泥饼结构呈蜂窝状；黏土泥饼孔隙结构的大小会随着固相增加而增加；泥饼孔隙结构的大小取决于钻井液添加剂，如聚丙烯酸盐减小了泥饼孔隙结构大小。羧甲基纤维素（CMC）的加入，特别是当淀粉含量超过 10×10^{-9}时泥饼中的孔隙变大；泥饼厚度和结构不完全取决于钻井液中的膨润土含量，而是依赖于钻井液中是否只含膨润土；动态泥饼比静态泥饼具有更小的孔隙结构，动态泥饼大颗粒沉积具有有限的选择性，它们往往趋向于平坦和钻井液循环方向，而静态泥饼似乎没有选择性地沉积或者有方向性的固体沉积；泥饼遇到压差卡钻时会被压缩，部分脱水。

1991 年，在中国杭州举行的第一届中日合作过滤与分离国际学术研讨会上，日本名古屋工业大学新垣勉就泥饼内部结构的测定进行交流，他利用装有 6 副电极的过滤装置，测量了恒压过滤过程中泥饼内局部孔隙度分布，使用压缩—渗滤实验数据建立了联立方程，称为现代过滤理论方法，可预测泥饼内部结构和过滤过程的总行为，认为在过滤理论中，泥饼中孔隙度的变化起相当重要的作用。研究结果证实了使用电测手段对恒压过滤的泥饼孔隙度直接进行测定是可行的。实验结果表明，现代过滤理论是正确的。在研究过程中，自始至终从未观察到 Rietema、Baird 等人所说的“延滞紧缩性”现象。

1994 年，B. G. Chesser、D. E. Clark 和 W. V. Wise 等人曾使用动滤失装置，在搅拌过程中使钻井液流体机械过滤，测试结果表明，最初的动态泥饼形成对随后的过滤性能和泥饼质量控制是非常重要的。研究中对影响泥饼质量的各种因素，以及如何控制它们以指导现场生产进行了简要讨论，认为钻井液性能与井眼不稳定、过大的扭矩和阻力、压差黏附和地层伤害有着密切关联，这与钻井液过滤性能和滤失量密不可分，尤其是井筒形成的泥饼质量。研究发现，影响泥饼质量的重要因素有粒度分布、泥饼压缩、润滑性、絮凝状态和泥饼厚度 5 个方面。他们调研发现，现场实际操作中通常很少注意泥饼性质，对

---

❶ ℉ $=\frac{9}{5}$℃ +32。

泥饼的评价非常主观，大部分钻井液工程师对此不愿在报告中描述。滤失及其泥饼质量见表 1.1。

表 1.1 滤失及其泥饼质量表

日期		1998. 9. 2	操作人员	×××
井深（m）		2850	井号	×××
原地采样		油井	位置	×××
钻井液密度（g/cm^3）		1.25	pH 值	9.2
固相含量（%）		18.0	Cl^-（mg / L）	22200
L. G. S（%）		5.9	MBT（g/L）	20.0
API 滤失量（mL / 30min）		5.0	泥饼厚度（mm）	1.0
			MBT（g/L）	≤1
HTHP 滤失量（175℉）（mL）	500psi 压差	10.4		
	100psi 压差	8.0		
压缩性 V_{500} / V_{100}		1.3		

API 泥饼质量

	是	否	
韧　性	（√）	（　）	弯曲不破裂
耐磨性	（√）	（　）	油、水液体冲刷后不垮塌
光滑性	（√）	（　）	平整且光滑

备注：

HTHP 泥饼质量

	是	否	
韧　性	（√）	（　）	弯曲不破裂
耐磨性	（√）	（　）	油、水液体冲刷后不垮塌
光滑性	（√）	（　）	平整且光滑

备注：泥饼非常薄，耐磨、光滑

注：1psi = 6894.757Pa。L. G. S. 表示含砂量，MBT 表示膨润土含量，V_{500}/V_{100}表示 500psi 压差与 100psi 压差的滤失量之比。

由表 1.1 可见，无论对 API 泥饼还是 HTHP 泥饼的质量评价都以定性描述居多，没有实质性的定量描述，这种现象在国外比较普遍。

B. G. Chesser、D. E. Clark 和 W. V. Wise 等人还认为，动态泥饼的沉积是在钻井过程中钻具旋转和钻井液循环而形成的，静态泥饼是在起下钻或泵“停止运行”时形成的，初期形成的泥饼对动态泥饼结构构成非常重要。R. F. Krueger 认为，静态 API 滤失测试没有定义出钻井液动态流体滤失的特点，在给定钻井条件下用化学处理得到的效果判断值得怀疑，但是根据静态 API 滤失测试结果可预测滤失添加剂的合理选择及确定用量，唯一不足的是无法对井下实际工况的泥饼进行完美评价。为此，Zamora 等人考察了剪切速率、叶片对动态滤失产生的影响，并研制出便于携带的动态 HTHP 滤失仪（图 1.1），在测试过程中模拟井下条件每隔一定时间动—静态交叉形成泥饼，观察泥饼厚度和微观结构，还可正确指导滤失添加剂的合理选择及确定用量，但要完美评价泥饼的机械物理特征还是美中不足。

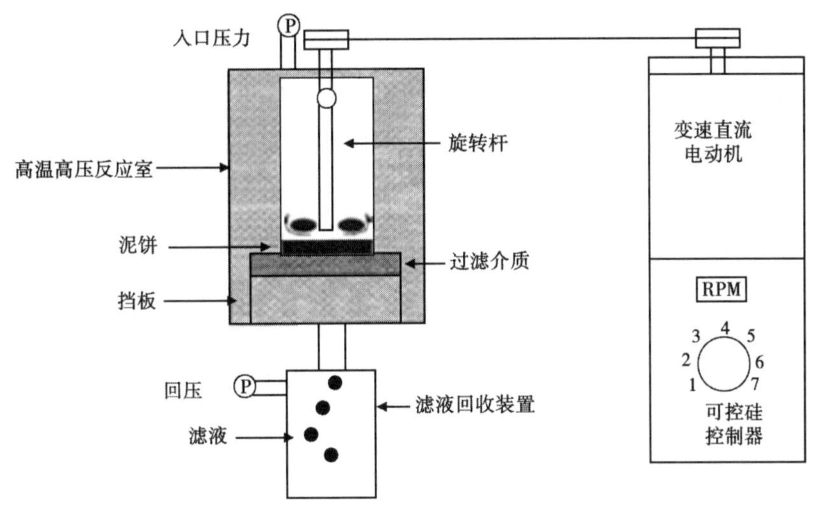

图 1.1　动态 HTHP 滤失仪

1999 年，斯伦贝谢工程师 E. Pitoni 和 R. M. Kelly 就钻井液体系中优选架桥粒子尺寸大小（包括碳酸钙、盐和纤维素材料等）降低储层伤害做了大量的研究工作，其出发点是改善泥饼质量，降低泥饼渗透率，尽量减少由于钻井液颗粒侵入近井地层引起的地层伤害，认为准确测量泥饼厚度极有必要。他们将钻井液放在一个孔径为 60μm 的陶瓷过滤盘里，在温度为 80℃、压力为 500psi 条件下，测定 16h 滤失量（实际上就是 HTHP 滤失仪的测定原理），测定结束后从测试装置上轻轻移走泥饼和陶瓷盘，然后用纹理分析仪器（即美国 M-I 钻井液公司研制的 FCP 泥饼针入度仪）评价泥饼特性，通过测量泥饼的抗压能力和变形能力，来阐述泥饼的一些物理特征。实验发现，借用 FCP 泥饼针入度仪测定，可以反映出泥饼的某些物理特性，如通过负荷的变大和探头的针入程度可以描述泥饼的黏弹性行为。

2002 年，亚太油气会议 Md. Amanullah（澳大利亚石油研究组成员）就泥饼黏附—黏滞强度（ACBS）和黏附—黏滞模数（ACM）进行了交流。为了测定不同钻井液体系所形成泥饼的 ACBS 和 ACM，开发研制了一种独特的测试程序和一套新型的测试装置。实验测试结果表明，嵌入深度相同而成分不同的泥饼，其 ACBS 和 ACM 会有明显不同。提拉力的大小及其与嵌入面积减少量的关系曲线形状，受控于泥饼材料的黏附和黏滞力及其性质。电解质的存在能明显影响金属与泥饼以及矿物与矿物的结合力。阳离子的水合离子直径对泥饼的黏附和黏滞性质也有一定影响。泥饼基质中存在重晶石能够明显增大泥饼的 ACBS 和 ACM，其原因可能是重晶石颗粒的填充和质量黏附效应以及分子间作用力。研究了改性淀粉、CMC 和 PAC 3 种降滤失剂对 NaCl—膨润土泥饼 ACBS 的影响。在 NaCl—膨润土钻井液中加入 CMC 和改性淀粉，其泥饼的 ACBS 和 ACM 几乎没有变化，而在 NaCl—膨润土钻井液中加入 PAC，其泥饼的 ACBS 有一定增加，但 ACM 明显减小。这些测试结果在不同泥饼对钻具、扩眼器、稳定器、钻头以及斜井和水平井眼钻屑间的结合力方面提供了极有价值的资料。这些测试方法可用于筛选钻井液添加剂，其研究结果可用于设计有理想泥饼质量的钻井液体系。

2004 年，美国石油工程师协会 F. J. Lecourtier 和 A. Audibert 等人研究简单的水基钻井液在静态和动态条件下，泥饼经冷冻干燥后用电镜扫描观察其结构特征。特别是，他们还研究了一种膨润土悬浮液当中加入盐和水溶性聚合物降滤失剂时泥饼性能的变化。结果表明，滤纸和岩石薄片表面的外泥饼结构相似，岩片上可以观察泥饼的内部结构，发现有聚合物过滤的现象，聚合物链式结构侵入岩石的深度超过黏土颗粒。将滤纸和岩石薄片在动态和静态条件下的滤失量进行比较，静态滤失量远小于动态滤失量，但是动态所形成的泥饼结构更具有规则的网状特征，钻井液体系中的固相颗粒分散程度越高，在剪切速率下所形成的泥饼表现出的这个特征越突出。

2006 年，P. Cerasi 和 J. F. Larsen 等人改造了过去用于评估剪切强度和岩石硬度的一种仪器，并且使用这种改造后的仪器来测试柔软的泥饼性能，以获取泥饼定量信息来建立泥饼性质的模型。建模将有助于设计更好的钻井液。他们认为在岩石标本上对泥饼的划痕测试是一个行之有效的方法，可以获得可靠的强度和刚度的测量数据，这些数据表现为沿着刮伤表面的距离函数。该仪器包括一个刚性框架手持刀（以恒定速度推向岩石标本）、一个微米螺丝（允许操作者选择一个精确的切割深度）和双向负载装置（监控刀具有剪切和正常力量）。剪切力与特殊的切割力量有关，而这种力反过来又与没有限制的抗压强度的岩石有关。岩石暴露于不同流体，以评估对泥饼质量和泥饼内部性能的影响。实验发现，该仪器能完整地收集到剪切力从钻井液—泥饼界面下到泥饼—岩石剖面边界的强度变化能力。该仪器可用于研究，但其操作性和实用性不令人满意。

2009 年，Mohamad Dangou 和 Howard Chandler 等人就在水平井中潜在的地层伤害会导致动态泥饼性质和钻井液剪切稀释性变化进行了研究。认为动态泥饼参数和滤失行为在不同剪切速率作用下泥饼表面有明显变化；动态泥饼成分和滤失行为也被视为不同于静态条件下形成的泥饼。此外，剪切速率的临界值可从动态泥饼参数中获取。研究结果还发现，在高剪切速率下可以获得质量良好的泥饼，而在低剪切速率下获得的泥饼质量反而较差；钻井液中各种大小的固体颗粒形成的动态泥饼，在很大程度上受泥饼沉积时作用其表面的剪切影响；在低于临界剪切速率和高于临界剪切速率下，动态泥饼颗粒沉积的机理是不同的，结果导致形成不同的泥饼和不同的滤失特性：在低剪切速率下，与原来的钻井液相比，泥饼中的固相颗粒分布范围变窄，平均粒径变大。这将导致高渗透性的泥饼更厚，在泥饼单位厚度上具有更高的滤失量。在高剪切速率下，随着剪切速率的下降，动态泥饼平均粒径小于原来的钻井液平均粒径，因此，动态泥饼孔隙度和渗透率在高于临界剪切速率值时随着剪切速率的增加而增加，泥饼的最低渗透率是达到临界剪切速率的值。剪切速率低于临界值，动态泥饼孔隙度低，而渗透性高，这是因为泥饼有一个较低的粒子比表面积和较大的孔喉通道，结果使流体顺利通过；动态泥饼渗透性比静态泥饼大，在低剪切速率下，钻井液中随着粒径范围和平均颗粒粒径的增加，这种差异随之增加。

2009 年，Zydeny 和 Colton 等人使用极化模型和与剪切速率有关的颗粒扩散率来描述血液的动滤失，对滤失和泥饼形成模型的理论进行了探讨。他们的模型表明，颗粒小于

0.1μm 的胶态体系与实验结果具有较好的一致性。Davis 和 Leighton 等人使用水动力学扩散机理来描述颗粒从泥饼表面扩散出去与颗粒沉积到泥饼上的平衡。研究结果认为，泥饼内的滤液流速和颗粒的浓度呈非线性关系。Pearson 和 Sherwood 等人使用连续性理论来描述动滤失，认为泥饼的增厚速度与时间的平方根成正比，滤失速率与时间的平方根成反比，达到平衡滤失速率的条件，从泥饼表面扩散到流体中的颗粒与沉积到泥饼上的颗粒数目相同。Outmann 引入了另一个模型来预测动滤失，他的模型中包括了泥饼渗透率、孔隙度和可压缩性与压力的关系，并且引入了颗粒与泥饼间的摩擦系数，认为一旦钻井液动滤失达到平衡后，增加剪切速率不会影响动滤失速率。

从上述国外研究情况来看，无论是钻井工程界还是钻井液工程界，都清楚地认识到泥饼对钻井工程问题、井壁稳定、井下复杂、储层保护等有着十分重要的作用和意义。研究结果发现：(1) 多数情况下，习惯利用冷冻干燥与电镜扫描技术观察静态或动态情形下的泥饼微观结构，且侧重于动态形成的泥饼，认为泥饼呈蜂窝状结构或黏土颗粒的絮凝系统结构；(2) 利用数学模型建立泥饼物理特性与滤失量之间的关系，尤其在考虑泥饼可压缩性与不可压缩性之间一直处于困惑棘手状态，建立的数学模型纯属理论，可操作性差，给测试工作和数据处理带来极大不便；(3) 采用美国 M-I 钻井液公司研制的 FCP 泥饼针入度仪评价泥饼特性，可以较好地描述泥饼的黏弹性行为；(4) 少数作者研究考察了泥饼质量的影响因素，但实际出现的泥饼质量参数很有限；(5) 现场实际操作中通常很少注意泥饼性质，对泥饼的评价非常主观，大部分钻井液工程师不愿在报告中描述，无论对 API 泥饼还是 HTHP 泥饼的质量评价都基于定性描述，没有实质性的定量描述。

由此可见，国外关于泥饼质量的描述还没有一个系统的认识，描述几乎停留在定性上，极个别研究者已发现泥饼质量参数可以定量描述并能有效测定，但考察的指标有限，系统不完善，限制了研究进展。关于高密度水基钻井液泥饼质量的描述与评价仍然处于空白阶段。

1.2 国内泥饼质量研究现状

20 世纪 70 年代末至 80 年代初，黄汉仁、杨坤鹏、罗平亚编著的《泥浆工艺原理》一书中出现了“薄、致密、韧性”等表达泥饼性状的术语，主要是针对控制滤失量、减少泥饼黏附压差卡钻而提出的，其中最关键的就是控制泥饼渗透率，有利于降低滤失量，这与泥饼的“薄、致密、韧性”等密切相关，做到了这些就可以有效控制滤失量、减少泥饼黏附压差卡钻，直接贡献于安全钻进和井下安全。

20 世纪 80 年代，人们对其理解各说不一，关于“薄”可以用厚度定量表征，但因人而异、标尺不统一将带来定量读数偏差；关于“韧性”的描述五花八门，常常用“硬、软、坚韧、坚固、虚、韧”等字眼定性概括；关于“致密”的描述干脆用“致密、严实”等字眼定性概括；后来对泥饼的描述还引入了“光滑”来说明它的润滑程度。总之，无论实验室研究还是现场报表，对泥饼的描述都是随心所欲，依靠主观直觉，凭经验处理现场问题，这些现象与当时的处境和状况分不开，集中表现为：(1) 描述泥饼的思路不清楚，不知该用哪些参数来表征；(2) 缺乏评价装置、评价方法和手段，对其原理不明白；(3) 一味地追求降低滤失量，认为滤失量低泥饼就薄、致密、韧性好，即使出现泥包、泥饼黏附压差卡钻等，通过精心处理能够解除；(4) 一味地追求生产、打井、提高产量和研究与探求钻井液体系，没有精力、时间研究与评价泥饼问题；(5) 对钻井液重视不够。

20 世纪 80 年代末，福州大学化工学院王中来在化工装备物料过滤过程中考虑到泥饼（实际上类同于钻井液中的泥饼）问题，就泥饼压缩指数做了较为系统的阐述。讨论了泥饼压缩指数 n 的 3 种定义，n 是根据过滤比阻 α 与作用在泥饼上的压差 Δp 之间的指数关系式进行定义的，即 Lewis 等人的过滤比阻关系式 $\alpha=\alpha_{AV}\cdot\Delta p^n$。若按 Ruth 比阻关系式表示，则为 $\alpha=\alpha_0+\alpha_{AV}\Delta p^n$，Lewis 式的缺点是 $\Delta p=0$ 时，$\alpha=0$。实际上当压力低于某一值时，过滤比阻 α 为常数，并不为零。因此，Ruth 式克服了 Lewis 式的缺点。后来，Carman 又建议采用另一种表达式，即 $\alpha=\alpha_0\ (1+p_s/p_a)^n$，当过滤介质阻力可忽略时（即 $p_m=0$），作用在泥饼上的压差就等于过滤压力，即 $\Delta p=p-p_m=p_0$。同时给出了泥饼压缩指数的两种测定方法，即过滤实验测定法和压滤透过实验测定法。然后进一步论述了泥饼可压缩性和不可压缩性的物理本质问题，认为泥饼的可压缩性可能由固体颗粒重排、颗粒变形（但体积不变）、颗粒收缩（体积变小）及颗粒破裂等原因引起。如果物料可压缩（指固体颗粒），那么泥饼必定可压缩；反之，如果泥饼可压缩，那么物料（指固体颗粒）未必可压缩。最后讨论了不同可压缩性泥饼应采用的脱水方法，以及在较高压力范围内，过滤比阻关系式的选用。由此可见，前人在化工装备物料过滤过程中早已涉及关于泥饼的性质及其相关参数的研究，且已意识到泥饼性质在物料过滤过程中的影响与作用是十分显著的。这一事实说明泥饼涉及多种行业，其重要性是显著的，值得深入研究、探讨。

20 世纪 90 年代后，随着钻井液技术的发展和勘探开发进程的加快，国内钻井工程界和钻井液工程界充分意识到泥饼是钻井液中不可忽视的性能之一。人们就泥饼问题做了静态、动态情况下的评价、研究工作，主要包括：泥饼的某些参数确定、测量、计算、评价及模型建立；泥饼微观结构及其模型建立；影响泥饼参数的因素分析、研究；泥饼质量的零星评价、研究等。虽然研究工作是零星的，并不集中，但研究的结果也揭示了泥饼质量对钻井工程的重要性，研究与评价泥饼质量势在必行。具体的研究情况如下：

1990 年，牟伯中提出泥饼质量与钻井液体系黏土粒度分布密切相关，着重研究了降滤失量机理，测定了 MS 钻井液泥饼渗透率和体系的粒度分布，分析了泥饼渗透率与粒度分布的关系，揭示了改善泥饼质量的本质——降低泥饼渗透率。认为提高钻井液体系中亚微米粒子所占比例，有利于降低泥饼渗透率，改善泥饼质量，降低滤失量。

1990 年，郭东荣、李健鹰、朱墨等用自制高温高压钻井液滤失模拟装置对井浆进行了动滤失实验研究。实验发现，钻井液动滤失与静滤失不同，静滤失形成的泥饼厚而虚，渗透率大；动滤失形成的泥饼薄而韧，渗透率小。剪切速率增加，井浆的平衡动滤失速率增大，其原因主要是高剪切速率下形成的泥饼明显变薄。压差增大，井浆的初滤失量增大，但平衡动滤失速率基本不变，这是因为随着压差增大，所形成泥饼的渗透率与厚度的比例相应减小。温度升高，井浆的平衡动滤失速率增加。

1990 年，雷宗明针对泥饼絮凝系统结构的复杂性，提出了泥饼黏土絮凝系统的网架结构模式，包括系统的物理、几何模型建立及系统内各种力的计算公式，为以后模拟、研究这一复杂系统，并对其压缩性、孔隙度及渗透率与压差关系进行数值计算和最终应用到滤失量控制方面找到了一条途径。研究表明，泥饼是由黏土颗粒絮凝而成的，它是一种空间网架结构，且在网架空格中充满了电解质溶液，因此泥饼属于黏土颗粒的絮凝系统。由于泥饼本身很薄，因此可以将泥饼的结构简化为二维的网架结构。根据电荷密度和电势的关系，建立起描述泥饼网架结构的数学模型。该模型为：

$$\frac{\delta^2 \Psi}{\delta x^2} + \frac{\delta^2 \Psi}{\delta y^2} = C_1 \sinh(C_2 \Psi)$$

模型的微观性质与宏观性质（如压缩力）通过几何参数 a（两个黏土片之间的角度）联系起来，这给分析和计算泥饼性质奠定了理论基础。

1991 年，郭东荣就聚合物泥饼质量评价方法进行了实验研究，发现泥饼的干湿重比（m）和泥饼的固相体积分数（C_c）是衡量泥饼质量的重要指标。聚合物钻井液形成的泥饼 m 值和 C_c 值均较小，直观泥饼质量差。但是，经添加 NH_4-PAN 和防塌剂（如 K-PAM）后，m 及 C_c 值均增大，泥饼质量得到明显改善。

1992 年，雷宗明在泥饼具有压缩性这一条件下，推导建立了泥饼的压缩性方程为 $\frac{1}{\mu}\frac{\partial}{\partial x}(K\frac{\partial p}{\partial x}) = C_p \frac{\partial p}{\partial t}$，它反映了泥饼在形成过程中静滤失和动滤失情况，以便控制滤失量。渗透率 K、压缩性 C_p 都是压力的函数。它是一个非线性扩散方程，在适当情况下可以线性化，得到解析解。但是计算复杂，不一定适用，并且最重要的一个问题是如何确定渗透率和压缩性这两个参数，如果这两个参数不确定，此压缩性方程就无法求解。然而在现行滤失量计算过程中，泥饼是被假设为不可压缩的，即 $C_p = 0$。

1993 年，胡永宏等人研制出一种钻井液泥饼强度测试仪（图 1.2），评价了钻井液泥饼强度两个指标 e 与 f，e 包含了泥饼的剪切屈服强度和挤压屈服强度两部分，反映了泥饼转过单位角度所需的能量，f 为泥饼的剪切屈服强度和挤压屈服强度的组合，e 和 f 值越大，泥饼强度越高。研究认为 e 和 f 值随泥饼剪切深度的变化而变化，由于泥饼强度的不均匀性，在评价泥饼强度时，对剪切的深度必须有所选择，测其各层数据进行综合评价。实验初步证实了理论推导的正确性和实验方法的可行性。但该实验仪器为手工组装，精度尚不高，数据读取尚靠肉眼。

1993 年，西南石油学院景天佑、崔茂荣等人从理论上分析了测定泥饼厚度的原理，设计研制出泥饼厚度测量仪，它由数字千分表、滑套、立柱和砝码等组成。数字千分表与滑套铰接在一起并滑套于立柱上，当砝码加载千分表压杆上时，压板压入泥饼，据测得的加载量与应变量关系，通过几何作图，即可直接读出泥饼厚度。该仪器结构简单、操作方便，比单纯用千分尺测量准确、方便，相对提高了测量泥饼厚度的准确性，但仅仅用于自己的实验室研究，没有普及。

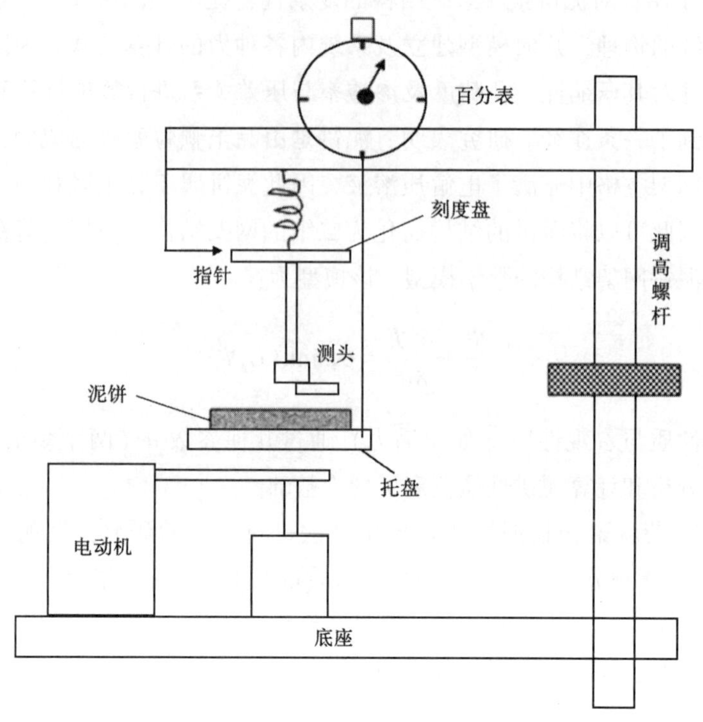

图 1.2　泥饼强度测试仪示意图

1994—1995 年，罗世应、罗肇丰用西南石油学院自制的 SW－Ⅱ型高温高压动态污染仪，对动态泥饼的渗透性进行了为期两年的研究。认为影响动态渗透率的众多因素中，起主要作用的是压差、剪切速率、钻井液中固相颗粒大小以及地层渗透率。在大量实验研究分析的基础上，采用量纲分析与多元逐步线性回归相结合的方法，建立起动态泥饼渗透率与这些因素及固相含量之间的回归关系式为：

$$K_c = AD_m^2\left(\frac{K_t\gamma^m}{\Delta p_c}\right)^B\left(\frac{C_0K_m\gamma^2}{\Delta p_c}\right)^C\left(\frac{\mu_f\gamma}{\Delta p_c}\right)^D$$

实例计算结果表明，用此关系式对动态泥饼渗透率进行预测的方法是切实可行的，为动态泥饼的深入研究及滤失理论模型和泥饼黏附卡钻模型的建立提供了必要的前提。

1995 年，西南石油学院焦棣曾对低渗透地层动态泥饼的形成做了详细研究，并且阐述了影响动态泥饼形成的宏观因素和微观因素。在研究低渗透地层动态泥饼形成试验时，用淡水钻井液、分散性钻井液和絮凝钻井液在动滤失装置上研究了不同流速下泥饼形成的条件。他通过分析作用在黏土颗粒上的流体动力学作用，建立了泥饼性能与渗透率有关的数学模型，该数学模型为：

$$p_w - p_R = 2\left(\ln\frac{r_e}{r_w} - \frac{1}{2}\right)\frac{m\mu}{K^*} \times \frac{v}{1 - r_d/r_w}\left(2 + \frac{1}{n}\right)K^{1/n}$$

此数学模型可预测动态泥饼形成的最低压力和岩心的最小渗透率。

焦棣研究认为低于临界渗透率时，动态泥饼就不能形成。而临界渗透率又与钻井液液柱压力有关，液柱压力越高，临界渗透率就越小。在宏观条件下泥饼形成的速率与钻井液中颗粒的分布、钻井液的流变性和剪切速率有直接关系。大颗粒和小颗粒可以同时沉积到泥饼的底部，而只有小颗粒才能沉积到泥饼的上部，这样形成的泥饼具有非均质性。当钻井液中最小颗粒沉积到泥饼上后，泥饼的厚度即会达到动态平衡，从而使滤失速率也达到动态平衡。为此，他提出一个泥饼形成的新模式：

$$q_{\text{inf}} = \frac{2}{3}\left(\sqrt{3}\,\frac{\rho_{\text{f}}}{\rho_{\text{s}}}\right)^{1/n}(1 - C_{\text{m}})A\gamma_{\text{w}}R_{\min}$$

该模型显示了平衡滤失速率 q_{inf}是 $R_{\min}$的函数，与颗粒大小分布无关。该模型的优越性在于对已给定的钻井液，只要知道它的固相颗粒浓度（$1-C_{\text{m}}$）、流性指数 n、剪切速率 γ_{w} 及最小颗粒 $R_{\min}$，就可以计算出平衡滤失速率。

他研究讨论了泥饼的形成将受诸多因素影响，但所形成的泥饼质量如何，在其研究中并未说明。

1995 年，张达明、徐同台等人用液氮快速冷冻泥饼，并在真空状态下抽空干燥，保持泥饼的微观结构不变，用电镜分析干样。采用此项技术分析了膨润土浆、咸水基浆、不同配比的聚合物钻井液及相应泥饼的微观结构。电镜分析表明，4%淡水基浆和 10%淡水基浆中黏土呈现端—面、端—端连接，形成蜂窝状或卡片房子状结构；在聚合物钻井液中，在低膨润土含量下明显看到了聚合物链束结构和链束间形成的网状结构；在高膨润土含量下（大于 3%），黏土以卡片房子结构为主，聚合物吸附在黏土片面上和端面上将加强网状结构的形成。普通的淡水基浆和咸水基浆泥饼较疏松，加入聚合物后泥饼质量改善，多呈蜂窝状结构，超细 $CaCO_3$、磺化沥青以及惰性固体物质大多充填在蜂窝状泥饼的孔隙中。

1995 年，赵敏、李云鹃分析认为泥饼的物性如渗透率、孔隙度、厚度以及泥饼抗冲刷能力的强弱是控制钻井液滤失的关键之一。但是，目前对泥饼的物性、泥饼抗冲刷能力及其相互关系的研究大多停留在实验阶段，还缺乏更进一步的理论分析。而且，不同的实验研究者得到的结论各不相同，有的甚至相反。例如，E. J. Hordam 等人的研究表明，泥饼很难被水动力冲刷；而李淑廉等人的研究表明泥饼可以被水动力冲刷；另一些研究表明，泥饼是部分冲刷的。关于泥饼的粒度分布与水动力强弱的关系也有不同的研究结果。李淑廉等对动态泥饼表面拍的电镜照片表明，剪切速率越大，动态泥饼表面的小颗粒越少；而一些研究者的结论却与此相反。为此，赵敏、李云鹃对泥饼抗冲刷能力强弱的机理进行了研究，研究结果表明，泥饼的抗冲刷能力是由泥饼的物性与泥饼上的压差共同决定的；对同一泥饼而言，泥饼上有压差时将增加泥饼的抗冲刷能力，这是由于泥饼上有压差时，产生的附加黏结力大大增强了泥饼颗粒间的稳定性。模拟计算表明，在 $10^{-5}\sim10^{-2}$cm 范围内，当有压差存在时，颗粒越大越稳定，因而越难被水动力冲刷掉。

1995 年，马喜平、赵敏认为钻井液滤失是钻井过程中普遍存在的一个问题。滤失形成的泥饼质量的好坏直接影响滤液引起的油气层伤害程度，而且也影响井壁的稳定性等井眼质量问题。泥饼的渗透率、孔隙度、厚度等性质是控制滤液进入地层的关键物理量。高渗透泥饼，不仅导致泥饼增厚、井径减小，钻杆扭矩增大，引起卡钻等事故，而且导致大量滤液进入地层，引起严重的地层伤害，减少产能。为了减少事故与地层伤害，总希望得到渗透率低、薄而韧的泥饼。鉴于泥饼问题的重要性，人们一直未曾中断过研究，但主要是对泥饼的结构及形成机理等的研究，关于不同压差、剪切速率下形成的泥饼，其物理性质的变化报道甚少。他们采用人造岩心，在动态滤失条件下，用高温高压动态流动装置模拟地层情况对泥饼的物理性质——渗透率、孔隙度、厚度受剪切速率、压差的影响关系进行了研究。对渗流介质——人造岩心的渗透率以及滤失时间的影响也进行了讨论。实验结果表明，动态滤失下形成的泥饼渗透率、孔隙度在一定剪切速率下随压差的提高而下降，泥饼厚度增加；在一定压差下随剪切速率的提高，动态泥饼渗透率、孔隙度增大，厚度减小；在一定剪切速率、压差下，渗流介质的渗透率增加，动态泥饼渗透率和厚度增大。动态滤失时间越长，形成的泥饼越厚，动态泥饼渗透率在滤失 1.25h 以后基本不变，随时间的延长变化甚小。

1996 年，马喜平、罗世应利用 SW-Ⅱ型岩心动态污染仪测定了钻井液在不同条件下所形成动态泥饼的渗透率，并对动态泥饼进行了电镜和粒度分析。结果表明，动态泥饼的渗透率随着压差升高而降低，随着剪切速率或介质渗透率升高而升高；相同剪切速率时高压差下所形成泥饼中固相颗粒较低压差下的小，且颗粒排列更紧密，相同压差时高剪切速率下所形成动态泥饼中固相颗粒较低剪切速率下的粗，且孔隙大。随着介质岩心渗透率的升高，所得泥饼中的固相颗粒变粗。随着压差降低、剪切速率或介质渗透率升高，泥饼中固相颗粒平均粒径变大，粗颗粒含量上升；泥饼的渗透率主要由固相颗粒的粒径大小和分布决定。

1996 年，马喜平、罗肇丰等人又进一步就动态情况下所形成的泥饼做了研究，主要针对钻井液动滤失下形成的泥饼渗透率、孔隙度及泥饼厚度的影响因素进行了研究。他们利用 SW-Ⅱ型岩心动态污染仪测定了钻井液在不同条件下所形成动态泥饼的渗透率，并对动态泥饼进行了电镜扫描和粒度分析。结果表明，影响动态泥饼渗透率的众多因素中，起主要作用的是压差、剪切速率、钻井液中固相颗粒大小以及地层渗透率。研究归纳出了影响动态泥饼渗透率 K_c 的 7 个因素：泥饼上的压差 Δp_c、壁面剪切速率 γ、颗粒平均粒径 D_m、介质渗透率 K_m、钻井液固相含量 C_0、钻井液稠度系数 K_t 和滤液黏度 μ。首次证明了运用量纲分析原理及多元回归方法来预测动态泥饼渗透率的方法是正确可行的。实验还指出了随着剪切速率的提高，动态泥饼渗透率、孔隙度增大，泥饼变薄。他们还对泥饼的某些质量参数进行了探索性讨论、研究，认识到渗透率是泥饼质量的关键参数，重点放在对渗透率的影响研究，涉及泥饼质量其他参数的描述和研究甚少。

1996 年，杜德林、樊世忠等人介绍了利用动滤失装置测定泥饼抗剪切强度的实验原理，该装置主要由过滤介质、钻井液挡板、转速控制系统和数据采集系统组成。在 0.69MPa 压力下，90min 内依次做剪切速率为 $400s^{-1}$、$100s^{-1}$ 和 $400s^{-1}$ 的 3 步实验，测定不同配方钻井液的抗剪切强度。分析了基浆、降黏剂、降滤失剂、pH 值、压差及实验重复性对泥饼强度的影响。结果表明，不同成分的钻井液所形成的泥饼其抗剪切性差别很大，采用的动滤失实验装置和建立的实验程序，可以用来评价泥饼特性；在环空流速范围内，不少钻井液所形成的泥饼，都具有很好的抗剪切性；当在钻井液中加入分散性较强的处理剂时，有可能会明显地降低泥饼的抗剪切强度；钻井液的滤失量（或滤失速率）与泥饼的抗剪切强度之间没有必然联系。有时滤失量较小的钻井液，其泥饼抗剪切性反而较差；用无量纲泥饼可压缩因子来评价泥饼可压缩性的方法，可压缩性因子是滤失量和滤失压差的函数。实验结果表明，超细碳酸钙是完全不可压缩的，而膨润土具有相当高的可压缩性，将常用钻井液添加剂加至膨润土基浆中，都可改善泥饼的可压缩性，但影响不大；研究泥饼的抗剪切特性，在防止井塌方面具有很好的指导意义，如从防塌角度看，钻井液体系中不应含有强分散性的添加剂，向钻井液中补充优质膨润土，通常可以改善泥饼的抗剪切性，而泥饼太厚造成黏附卡钻时，通常靠循环钻井液冲刷泥饼的方法难以奏效，需要借助于渗透剂快 T 之类的解卡剂，在固井前为保证水泥胶结质量，往往借助其他手段来除掉井壁上的泥饼。

1996 年，崔茂荣、罗兴树等人通过对现行评价钻井液泥饼压缩性的 3 种方法——泥饼渗透率法、泥饼针入度法和两次失水法进行对比实验研究，考察了在常温静（动）态和高温静（动）态 4 种实验条件下钻井液泥饼可压缩性之间的对比关系。结果表明，以两次失水法，且以不倒钻井液两次失水法评价泥饼压缩性，方法简便，数据可信；得出泥饼的可压缩性是弹性变形和塑性变形共同作用的结果；高温泥饼压缩性与低温泥饼压缩性不同，不能把低温所得泥饼压缩性用来预测高温泥饼的压缩性；温度对动态泥饼的压缩性影响不敏感；可以用高温静态泥饼的压缩值来预测高温动态泥饼的压缩性。

1997 年，雷宗明指出泥饼的性质（孔隙度、压缩系数和渗透率）在研究动滤失、滤失控制、油气层保护等方面有着重要的应用。经典的泥饼渗滤失水理论是建立在泥饼不具有压缩性的假设基础上的，但是很多研究者的实验和理论分析都表明经典的泥饼渗滤失水理论，即泥饼不具有压缩性，不能很好地解释泥饼的渗滤失水过程，因此必须考虑泥饼的压缩性。其次，现行泥饼的滤失量测定并不能真正代表井底钻井液的滤失量情况，要解决这个问题，除了更真实地模拟井底情况外，还需知道泥饼的性能参数。由于泥饼的形成是一个动态过程，因此泥饼的性能参数也是变化的，这给物理模拟带来了很多困难，因而应用数值模拟技术研究泥饼性能参数的计算问题不仅具有重要的理论意义，而且还具有实际应用价值。泥饼是黏土颗粒复杂的絮凝系统，根据前人的研究结果，他归纳出泥饼具有以下几个特点：（1）泥饼黏土系统是由单个黏土片或多层黏土絮凝而成的边面结合网架结构；（2）对于每一个黏土颗粒，其片状表面带有负电荷，边缘表面带正电荷；（3）这种网架结构的平衡稳定和变形取决于系统中不同元素的相互作用。因此，可以采用网架结构模型来模拟泥饼絮凝系统，求解该模型，可对泥饼性能参数进行数值计算。为此，他应用泥饼网架结构的理论模型对泥饼的性质进行了研究和计算，得到了孔隙度、压缩系数和渗透度作为压差的函数和数值解，从而使泥饼参数的计算结果与实验结果有较好的吻合性，可以用于预测泥饼的性能参数。研究结果表明，孔隙度不仅是黏土颗粒本身几何参数的函数，而且还是网架结构参数的函数；泥饼孔隙度还与黏土颗粒的电化学性质有关；泥饼压缩系数不仅是压力的函数，还是网架结构参数的函数；渗透率与网架结构参数、孔隙度和泥饼中黏土颗粒的网架结构密切相关，压差的任何变化都将导致泥饼渗透率的变化。可见，泥饼的孔隙度、压缩系数和渗透率都是压差的函数。

1997 年，吴志均、杨宪民、唐红君分析认为，在钻井过程中泥饼质量的好坏和滤失量的大小不但对钻井工艺复杂问题（如泥页岩和煤层的垮塌、缩径、卡钻、压力激动等）有很大影响，而且对油气层伤害也有很大影响。评价泥饼质量和滤失性能常采用 API 滤失实验，它虽然可以定性地判定泥饼质量的好坏，并取得了一定的成果，但还有许多局限，主要有：(1) 使用的过滤介质为滤纸，它没有足够的厚度，而且与多孔的地层物质不同，钻井液的颗粒粒径分布情况不佳，且含有可被纤维素吸附的物质，用纸过滤的滤失量可能比真实情况低些；(2) 它是在静止状态下进行实验，钻井液垂直地滤过过滤介质，固体沉降可能使所得结果与在垂直井眼中几乎是径向过滤作用的实际结果无关；(3) 它的压力是恒定的，不可能模拟井下条件的压差和压力。因此，提出一套既能模拟井下泥饼形成条件，又能反映泥饼质量特征的评价试验方法是非常必要的。研究介绍了用泥饼强度、泥饼渗透率和泥饼厚度评价泥饼质量的试验方法。讨论了泥饼质量评价参数对钻井工艺和油气层保护的指导意义。对吐哈丘陵油田两口井泥饼质量的评价结果表明，该试验方法能对井下泥饼质量做出正确评价，而且钻井液颗粒粒径分布对泥饼质量有很大影响，可通过调整钻井液颗粒粒径分布形成薄而致密的泥饼。

1998 年，张家田利用 NBC-Ⅰ型泥饼特性测量系统对泥饼应力应变曲线进行了分析定义，描绘出了泥饼应力应变曲线（图 1.3），给出了泥饼特性分层。测试系统通过对数据处理可以确定泥饼的真实厚度、塑性层厚度、致密层厚度、摩阻系数和钻井液密度等综合参数，它为科学评价钻井液的造壁性提供了一种途径。

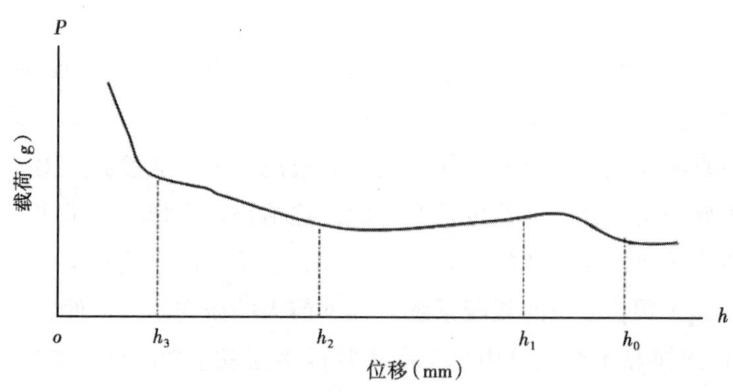

图 1.3　泥饼应力应变曲线

根据实际测量的泥饼应力应变曲线图形可以分为 4 层，对各层的定义分析为：设原点为 o，oh_3 为致密层，h_3h_2 为塑性应力应变层，oh_2 为实厚层，oh_0 为虚厚层。各层之间的物理意义，按如下定义来划分：(1) oh_0 为泥饼虚厚度，(2) oh_2 为泥饼实厚度；(3) h_3h_2 为塑性层厚度；(4) oh_3 为致密层厚度。

通过 NBC-I 型泥饼特性测量系统对泥饼的某些特性（如韧度、强度等）进行了详细分析，为评价泥饼质量向前迈进了一步。

1999 年，周凤山、赵明方、倪文学等人研究评价了影响泥饼强度、泥饼厚度、泥饼弹塑性的因素。就泥饼厚度的影响因素研究，建立起泥饼层状结构理论模型（图 1.4）。根据泥饼层状结构理论模型，可把泥饼分成性能相异的 4 层，即虚泥饼层、可压缩层、密实层和致密层，后 3 层又统称为实泥饼层，第一层泥饼的厚度称为虚泥饼厚（H_f），后 3 层的厚度之和统称为实泥饼厚（H_t），泥饼的总厚度（H_{tt}）即为虚泥饼厚与实泥饼厚之和：$H_{tt}=H_f+H_t$。在实际钻井过程中，只有实泥饼存在于井壁上，因此从研究防塌的角度出发，对钻井过程有意义的是对实泥饼的研究，但对诸如缩径、压差卡钻等问题，因多发生在钻井液不循环的时候，此时应当测量静滤失泥饼的总厚度（包括虚泥饼厚）。

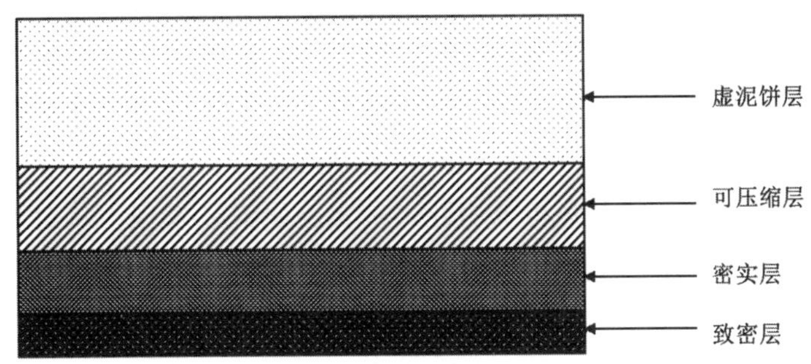

图 1.4　泥饼层状结构理论模型

研究结果表明，影响泥饼实厚的最主要因素是钻井液的固相含量，但只有加入惰性粒子才能在不太增加泥饼厚度的情况下切实提高泥饼的综合质量；钻井液体系中的聚合物稀释剂和包被剂对实泥饼厚的影响，视其种类和加量的不同而变化，这主要取决于聚合物分子与固相颗粒的作用机理；对水基钻井液体系而言，较为合适的实泥饼厚一般为 0.5~1.5mm。

周凤山等人还根据泥饼层状结构理论模型，认为泥饼强度包括刚开始形成强度时的初始强度 P_i（最大压缩强度或可压缩层的最大强度）和泥饼的最大强度 P_f（最终强度）。在实际钻井过程中，起作用的是泥饼的最大强度，它决定泥饼的抗冲蚀能力和对井壁的保护作用，一般 P_f 越大越好。针对吐哈油田常用聚合物钻井液和聚磺钻井液体系，采用 FCP-2000 泥饼针入度仪讨论了影响泥饼强度的各种因素：不同钻井液体系在 API 滤失及 HTHP 滤失条件下所形成泥饼的最大强度；处理剂对泥饼强度的影响（黏土、化学处理剂：无机防塌剂、大分子包被剂、稀释剂）；固相含量对泥饼强度的影响；固相粒度分布对泥饼强度的影响；压差对泥饼强度的影响。研究结果表明，影响泥饼的真实厚度 H_t 和最大强度 P_f 的最主要因素是钻井液中的固相颗粒含量及其粒度分布；虽然作用机理不同，但起抑制和封堵作用的处理剂都能提高泥饼强度，而尤以含有钾铵基聚合物的钻井液的泥饼强度最大；实验中还发现一具有规律的异常现象，即压力增加时，泥饼致密层变厚，但其强度降低，现场钻井液检测表明，钾铵基聚磺钻井液具有最好的泥饼强度，最高可达 400g 以上，对水基钻井液体系而言，一般泥饼强度为 200g 左右即能满足工程要求；泥饼中存在一定数量的粒径大小配合比较好的惰性固相颗粒，可以大幅度提高泥饼的质量。但这些粒子对钻井液性能的影响随着其含量的逐渐增高将产生较大的不利影响，因此在二者之间应该存在一个平衡点。掌握这个平衡点，对钻井液性能的控制将产生重要影响；抑制性聚合物种类及加量对泥饼质量有较大影响，但无明显统一的规律，如对 H_t 的影响，不同的聚合物甚至表现为相反的规律，这与以前认识到的高聚物包被抑制性有所不同，总体上看，抑制性越强的高聚物形成的泥饼质量越好，而分散剂或稀释剂会降低泥饼质量，特别是降低泥饼最大强度。

同年，周凤山、赵明方、倪文学等人认为泥饼性能除泥饼厚度和泥饼强度两方面的参数以外，泥饼的弹塑性也很重要。弹塑性反映泥饼在渗透、压缩、多孔和摩阻等方面的综合特性，仅按泥饼针入度曲线还无法准确评价这些参数。钻井过程要求泥饼应具有良好的弹塑性，但其影响因素未见专门研究。为此，他们就惰性固相颗粒和包被性聚合物对反映泥饼弹塑性的各参数的影响进行了实验研究，研究证实了泥饼弹塑性和泥饼强度是一对矛盾体，含有细的和粒度分布大的固相颗粒的泥饼结构致密，可压缩性和渗透性小。聚合物含量增大使泥饼结构疏松，含水率和压缩性大。实验研究还发现，从对泥饼的渗透性、压缩性、韧性、摩阻系数等几方面来看，泥饼的可压缩性系数 C_c 和泥饼最大强度 P_f 相抵，P_f 大时 C_c 小，而 P_f 小时 C_c 则大，规律性较为明显，而泥饼的弹性系数 C_e 和 P_f 大致也呈相反的变化趋势，但规律性不明显；韧性系数 C_t 和钻井液的均质性很有关系，经过井内循环的钻井液的韧性系数一般小于室内实验所得泥饼的韧性，这可能与压实性有关，经过充分压实的均质泥饼和固相含量高的泥饼的韧性较差，大多数与强度呈相反的变化趋势，由于韧性的特性是强度与弹性的综合，可认为对韧性影响更大的是弹性而不是强度，这个认识对控制泥饼质量十分重要。

2001 年，徐新阳等人就泥饼的可压缩性与泥饼比阻进行了研究。认为泥饼自生成之始就是动态的多孔介质，而且会变形，因为：（1）流动的流体要给颗粒以作用力，尤其是拖曳力，使颗粒在泥饼中产生位移；（2）沉积到泥饼上的颗粒有动能，既可转变为压能，也可钻隙，使泥饼产生析离现象；（3）随着流体从泥饼孔隙中流出，孔隙应力的变化导致泥饼有效应力改变，使泥饼结构变形；（4）凝聚或絮凝的颗粒本身承压能力很低。水化膜的水不能承压，这些因素均可能使泥饼在压力作用下产生塑性变形。由此可知，泥饼的可压缩性相当复杂。实际上，大致可分为两大类或两种情况，即聚团颗粒在压力下的变形和颗粒在泥饼内的位移或迁移。研究发现，引起泥饼可压缩性的因素复杂，不能笼统地论述泥饼的可压缩性，也不宜任意确定某种物料或料浆的泥饼的可压缩性，它们受多种因素制约，因此是可调的，也不能任意选用已有的计算式计算某种泥饼的可压缩性。可压缩性泥饼的孔隙度并不一定是压力的函数；泥饼的结构主要是指其孔隙尺寸及分布、孔隙度，它们取决于物料的粒度及粒度分布、料浆的浓度、流体的流出速度对颗粒的曳力及使它们产生位移的大小。对于凝聚或絮凝料浆，则与絮团结构直接有关，它们与压力存在复杂的关系；泥饼比阻体现了滤液流出时所受的阻力，它既取决于泥饼的结构，也取决于液体在固体颗粒表面的存在形式及和颗粒间的作用力，包括颗粒表面的电性质、料浆的化学环境等。

2001 年，侯勤立、崔茂荣等人进一步从理论上分析测量泥饼质量相关参数的原理，设计研制出了 DL-Ⅱ泥饼测试仪（泥饼针入度仪），该装置由底座、立柱、测量盘、限位套、横臂梁和百分表组成。测试结果可以将泥饼划分为虚泥饼、可压缩层、密实层和致密层性能相异的 4 层，即泥饼层状结构物理模型。由 DL-Ⅱ型泥饼测试仪获得的数据汇集于 *XY* 坐标曲线图，可以发现泥饼针入度曲线还可分为 4 段连续光滑的直线和曲线段，它们恰好反映泥饼结构中各层不同的机械物理性质。把泥饼针入度曲线分为四段连续光滑的直线和曲线，其物理意义十分明显，也十分明确。该仪器能准确测定泥饼真实厚度和抗压强度这两个重要指标，与国外 FCP-2000 型泥饼针入度仪原理相同。DL-Ⅱ型泥饼测试仪问世之后，为评价泥饼质量中的大部分参数提供了科学依据，目前已在室内研究和现场测试中得到普及。

2003 年，周凤山、王世虎、李继勇等人对泥饼结构的物理模型与数学模型做了进一步深入研究。研究者使用 AVKVO Services（Stafford）生产的（FCP-2000 型泥饼针入度仪进行了大量实验，对中国油田已形成企业标准的 10 种常用钻井液体系、各种室内实验用钻井液配方、17 口井的现场钻井液样品进行了数百次静态滤失试验并获得了几百条泥饼针入度曲线。对这些曲线的分析统计结果表明，不论是 API 标准滤失实验还是 HTHP 滤失实验，绝大部分泥饼针入度曲线表现为 5 种类型（图 1.5），这些曲线反映了各种泥饼不同内在特性的一种共性，因而有可能用一种典型特征曲线建立一种针入度曲线理论模型，根据这种模型的不同构式反映不同类型泥饼的特征。

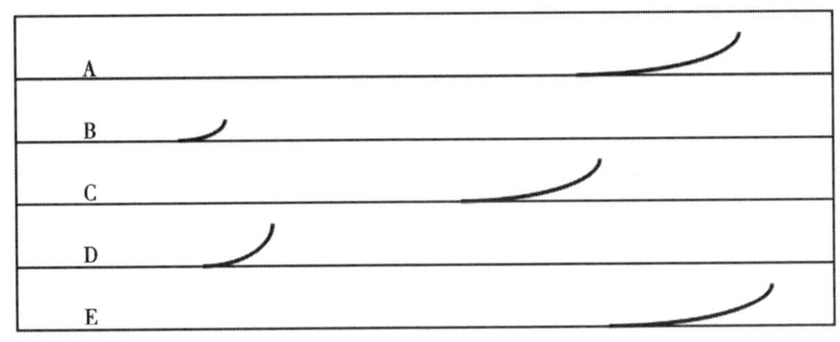

图 1.5　泥饼针入度曲线特征类型

通过分析泥饼在纵向压力作用下发生破坏的过程中力学特征的变化，建立了泥饼层状结构物理模型，解释了虚泥饼以及泥饼的可压缩层、密实层和致密层间的差别及其物理意义。将各类泥饼针入度曲线视为由 4 段连续光滑的直线和曲线组成的同一种典型曲线演变而成，建立了对应的数学模型，验证了侯勤立、崔茂荣等人的研究结论是正确的，与各种不同实验和测试条件下测得的泥饼针入度曲线的形状十分吻合，说明这种数学模型具有较强的现实意义。

通过实验测定，可以准确地定量分析出泥饼厚度质量参数、泥饼弹塑性质量参数、泥饼强度质量参数。

（1）泥饼厚度质量参数。

当探针接触到泥饼表面时，开启走纸开关，记录仪开始记录曲线，在泥饼针入度曲线上，表示泥饼抵抗阻力（反映泥饼本身强度的大小）的 Y 值在 OA 直线段均为 0，说明在这一段运动时探针受到的阻力为 0，表明从 O 点到 A 点探针均在虚泥饼中运动，因此 OA 段的长度就表示虚泥饼的厚度（H_f），即：

$$H_f = |OA| = X_2 - X_1$$

探针继续往下运动，经过 A 点以后，开始受到较快增长的泥饼阻力的作用，继续往下压探针，直至到达 B 点，泥饼厚度变化很多（压缩到较薄处），而泥饼强度变化不大，说明此段泥饼具有较好的可压缩性，故而此段泥饼称为可压缩层，其厚度即为可压缩层厚度（H_c），即：

$$H_c = |AB'| = X_3 - X_2$$

探针再往下运动，受到的阻力一方面增长较快，另一方面数值较高，说明泥饼的密实性增加，而同时由于这段泥饼较为致密，受到压缩时其厚度变化很小，也表明其可压缩性比上一层要弱，因此称这一层泥饼为密实层，其厚度为密实层厚度（H_d），即：

$$H_d = |B'C'| = X_4 - X_3$$

探针运行到最后阶段，厚度变化不大，但强度急剧增加，且强度值达到极限，表明这一层泥饼既坚且固，类似于“固体”，称这一层泥饼为致密层，其厚度称为致密层厚度（H_s），即：

$$H_s = |C'D'| = X_5 - X_4$$

探针在运行至 A 点以后，直至达到 D 点，一直受到大小不等的泥饼抵抗阻力的作用，表明这一段泥饼一直具有一定的强度，在井下作业过程中此部分泥饼将一直起作用，因此其厚度为泥饼真实厚度 H_t，即：

$$H_t = |HD'| = X_5 - X_2$$

显而易见，有：

$$H_t = H_c + H_d + H_s$$

其物理意义是：真实泥饼包括可压缩层、密实层和致密层，是实际需要并必须精确测定的厚度，其中测出的 Y_2 为最终强度 P_f，它是当针入度仪通过密实层进入致密层数显值恒定为 Y_2（P_f）时，表明针入度达终点，即为泥饼的最终强度（即抗压强度 P_f，$P_f = 100Y_2/6.5$）。

而泥饼的总厚度应为虚泥饼厚度与真实泥饼厚度之和，即：

$$H_{tt} = |OD'| = X_5 - X_1$$

或者：

$$H_{tt} = H_f + H_t$$

（2）泥饼弹塑性质量参数。

泥饼的弹塑性是泥饼的重要信息，通过分析泥饼针入度曲线数学特征量，可以比较全面地评价泥饼的弹塑性。可以用可压缩层、密实层和致密层的厚度分别占泥饼真实厚度的百分比来表示泥饼的可压缩性、密实性和致密性，即泥饼可压缩性系数 C_c，泥饼密实性系数 C_d 和泥饼致密性系数 C_s 分别为：

$$C_c = H_c / H_t$$

$$C_d = H_d / H_t$$

$$C_s = H_s / H_t$$

显而易见，有：

$$C_c + C_d + C_s = 1$$

根据泥饼针入度曲线的数学模型，探针在 A、B 两点间的泥饼段运动时，直线 AB 的倾斜角越大，表示泥饼压缩至相同的厚度时所需压力越大，或者说，向泥饼施加一相等的力，倾斜角大的曲线所代表的泥饼被压缩的厚度比倾斜角小的曲线所代表的泥饼被压缩的厚度要小，说明倾斜角大的泥饼的弹性比倾斜角小的泥饼大。因此，可以用直线 AB 的斜率 K_1 来表示其所代表的泥饼弹性，即：$C_e = K_1 = \tan\theta_1$，由于 θ_1 一般小于 45°，故 C_e 刚好在 0～1 之间，满足作为系数的一般特征。C_e 值越大，表示泥饼的弹性越强。曲线 BC 段的曲率可用来表示泥饼韧性的大小，称为泥饼的韧性系数，即：$C_t = K_3$，其物理意义在于：物质的韧性是对物质既具有一定弹性，又具有一定强度的综合性能的反映。根据泥饼针入度曲线的数学模型，在探针运移至 BC 段时，泥饼强度增加迅速，而泥饼厚度尚可压缩，即泥饼既表现出较高的强度，又呈现出一定的弹性。曲线越弯曲（即曲率 K_3 越大），表示泥饼的可塑性越强，泥饼的强度增加越快，因此可以用曲线 BC 的曲率 K_3 来表示泥饼的韧性。根据实测泥饼针入度曲线的数值分析，得知 K_3 值一般小于 1，故取 K_3 代表泥饼的韧性大小，并符合一般的系数特征。K_3 越大，表示曲线越弯曲，泥饼的韧性越好。针入度实验最后一段直线，基本已探到泥饼致密层底部，其厚度变化很小，但强度猛增至极大值，故可用 CD 直线的斜率 K_2 来表示泥饼强度的增长速度，K_2 越大，强度增加越快，称 K_2 为泥饼强度增加系数 C_i，简称强度系数，即 $C_i = K_2 = \tan\theta_2$，根据实测泥饼针入度曲线，一般 θ_2 大于等于 45°，用 $\tan\theta_2$ 表示 C_i 时，C_i 值大于 1，且当 θ_2 趋近于 90°时，C_i 趋近于无穷大，这种系数表示方法不符合一般的习惯。经研究发现，可以用 $\sin\theta_2$ 来表示 C_i：一则因为在 45°～90°内，正弦函数与正切函数同为增函数，可以表述相同的规律；二则在可能的 θ_2 取值范围内，总有 $\sin\theta_2$ 小于 1，刚好满足作为系数的一般特征。因此，可以用 $\sin\theta_2$ 值反映泥饼强度的增加程度，即 $C_i = \sin\theta_2$。

（3）泥饼强度质量参数。

当泥饼受压缩时，表现出一定的强度，但强度值太小，实际意义不大，故定义泥饼强度开始快速增加（即 AB 段以后）时的强度为泥饼的初始强度，即 $P_i = |BB'| = Y_3$，它也反映了泥饼经过压缩层后所达到的最大压缩强度。针入度曲线的终点，反映泥饼最底层的抗

压强度，也即泥饼的最大（最终）强度，即 $P_i = |DD'| = Y_5$。

最后，用数字化仪读入实测泥饼针入度曲线后，用泥饼质量评价软件 CSEFCP 可定量求解涉及泥饼厚度、强度和弹塑性等泥饼质量参数，以快速、准确、方便地对泥饼质量进行定量评价。

2006 年，张洪杰、郑力会就钻井液泥饼厚度测量新方法进行了初探，认为用接触法测量钻井液泥饼厚度的测量方法与测量精度不能满足工程评价需要。用非接触法测量泥饼厚度既是工程需要，也是科技进步的必然结果。由于泥饼自身的导电性、不均匀性、成分复杂性等特点，磁原理、超声波、电原理、射线等测量方法无法实现钻井液泥饼厚度的准确测量。用光测量钻井液泥饼能排除这些干扰，成为非接触测量钻井液泥饼的比较合适的方法。以光作为测量介质开展钻井液泥饼厚度测量仪的开发，前景十分乐观。然而，用光测量泥饼厚度的关键是将测得的光信号转化成电信号，在制作过程中采用激光技术十分复杂，成本也会大增，其应用受到限制。

综上所述，国内对泥饼做了大量的研究工作，有的就某一参数进行了详细分析、研究，有的就某些参数做了比较深入的研究，较国外更注意泥饼质量的研究工作，在泥饼质量参数描述与定量测量方面取得了一定成效。总之，从国内外就泥饼质量研究情况来看，大多处于主观意识、零星研究状态，停留在探索、实验阶段，对泥饼质量的概念模糊，描述泥饼质量的参数尤其是关键参数不清楚，缺乏更进一步的理论分析和系统研究，致使用户盲目取舍。为此，本书将从达西、过滤、沉积、渗流物理化学基本理论出发，结合现代过滤机理，分析高密度水基钻井液的滤失行为和泥饼形成过程，建立真正表征高密度水基钻井液滤失行为遵循的渗滤方程，弄清高密度水基钻井液在滤失过程中影响泥饼形成的因素；确定表征泥饼性质的关键物理参数及其物理意义；弄清真实表征泥饼质量参数的影响因素，建立起能真实表征泥饼质量参数的数学模型；结合泥饼微观结构分析与粒度分析，提出实现“优质”泥饼的控制原理；最终通过泥饼质量参数测定、泥饼微观结构分析等，形成实现“优质”泥饼的可行性方法。

2　高密度水基钻井液泥饼形成机制研究

与一般水基钻井液相比，在泥饼形成过程中，高密度水基钻井液因加重材料颗粒强度大、硬度高而形成的泥饼不可压缩的程度较大，固相含量高、密度大而易于被岩层介质拦截形成泥饼外，一般水基钻井液的滤失行为同样适用于高密度水基钻井液。

2.1　高密度水基钻井液的滤失行为分析

2.1.1　高密度水基钻井液的滤失过程

高密度水基钻井液的滤失行为集中表现在滤失条件、滤失过程、滤失量和造壁性等方面。

无论是理论条件还是实际工况，高密度水基钻井液的滤失条件主要是压差、过滤介质以及由分散相和分散介质组成的多级分散体系，这三者缺一不可，其中多级分散体系中的分散介质通过过滤介质滤出的液体称为滤液。水基钻井液中的滤液主要是水，它以化学结合水、吸附水和自由水 3 种形态存在（图 2.1）。在压力差作用下，钻井液中的自由水向井壁岩石的裂隙或孔隙中渗透，称为钻井液的滤失作用（图 2.2）。通常用滤失量（Filtration Loss）或失水量（Water Loss）来表示滤失性的强弱。钻井液滤失的两个前提条件是存在压力差和存在裂隙或孔隙性岩石。在滤失过程中，随着钻井液中的自由水进入岩层，钻井液中的固相颗粒便附着在井壁上形成泥饼（细小颗粒也可能渗入岩层至一定深度），这便是钻井液的造壁性（图 2.3）。井壁上形成泥饼后，渗透性减小，阻止或减慢了钻井液继续侵入地层。

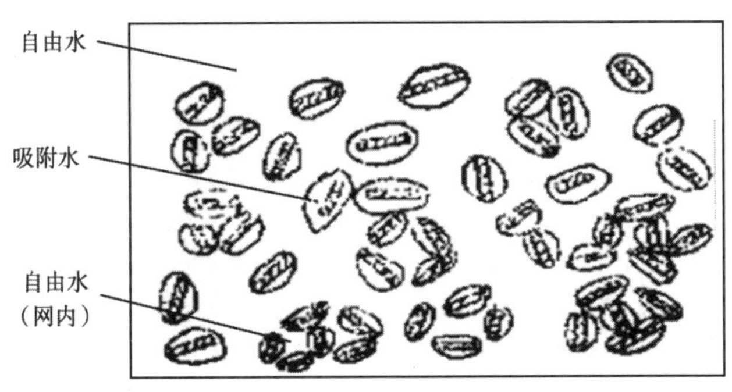

图 2.1　水在钻井液中所呈状态

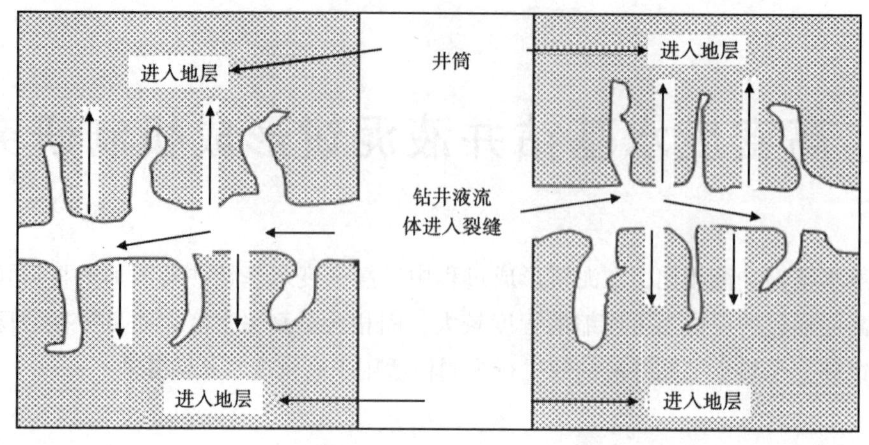

图 2.2　钻井液进入裂缝的滤失情形

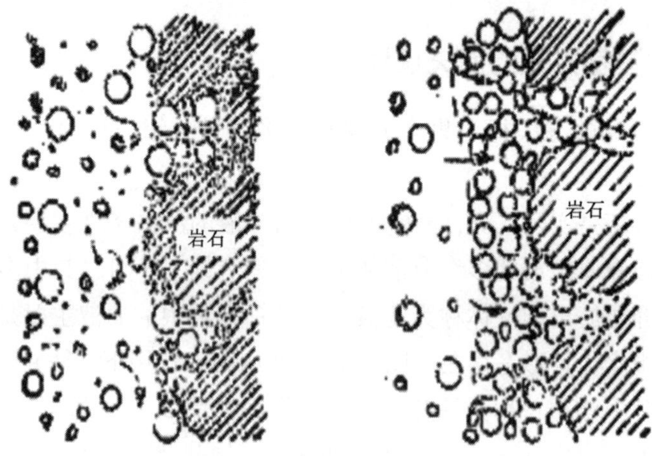

图 2.3　钻井液滤失造壁性示意图

自由水在压差作用下会向具有孔隙的地层渗透，造成滤失，随着钻井液水分进入地层。钻井液中的黏土颗粒便附着在井壁上成为泥饼（也有颗粒进入地层孔隙），这就反过来阻止了滤失的继续进行（本质上就是造壁性发挥的作用）（图 2.4）。

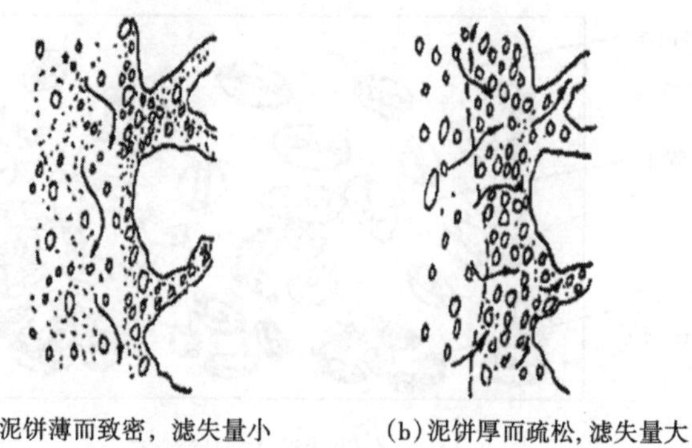

(a)泥饼薄而致密，滤失量小　　(b)泥饼厚而疏松，滤失量大

图 2.4　泥饼形成示意图

下面分析一下井内的钻井液滤失过程。从钻头破碎井底岩石形成井眼的瞬间开始，钻井液、钻井液中的水便向地层孔隙渗透，小于介质（井壁岩石层）孔道直径的固相颗粒可穿过介质进入滤液使之浑浊（即 API 滤失实验时的初始水或瞬时滤失），此时泥饼尚未形成，称为瞬时滤失量。接着，在钻井液循环的情况下，钻井液中的固相颗粒经由介质时相互“架桥”使曲折的流道变狭窄，紧接着使小于孔道直径的固相颗粒被拦截、填充，滤液逐渐清澈，泥饼开始形成、增厚，直至平衡（厚度保持不变），而单位时间内的滤失量也由开始的较大逐渐减小以至恒定，这一段属于动滤失过程。当钻进若干时间以后起钻，停止循环钻井液，这时由于钻井液液流冲刷泥饼的力量不存在了，随着滤失过程的进行泥饼逐渐增厚，滤失量也逐渐减小，这是静滤失过程。静滤失的滤失量比动滤失的小，泥饼则比动滤失者厚。起下钻结束后，又继续钻进、循环钻井液，于是从静滤失又进到动滤失，而这次的动滤失与上次有区别，它是经过一段静滤失、产生了静滤失所形成的泥饼之后的动滤失，其数值要比上一次小……就这样周而复始，单位时间里的滤失量在逐渐减小，泥饼大体保持一定的厚度（增长很慢了），累计滤失量也达到一定的数值，这就是井内钻井液滤失的全过程，如图 2.5 所示。如果想控制渗入地层的滤液量，就必须控制动滤失，如果想控制附着在井壁上的泥饼厚度，则必须控制静滤失。

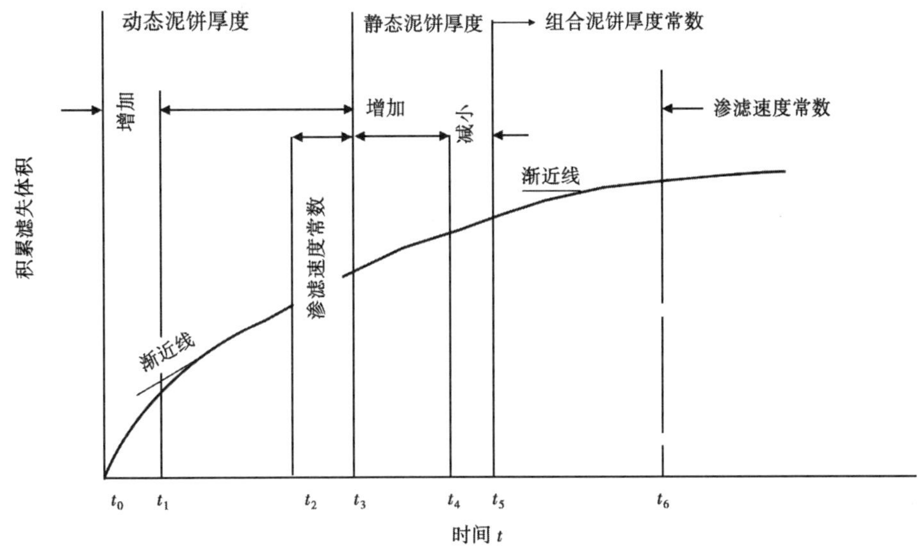

图 2.5　井内钻井液滤失全过程

井中的压力差是造成钻井液滤失的动力，它是由于井中钻井液液柱压力与地层孔隙、裂隙中的流体压力不等而形成的。井壁地层的孔隙、裂隙是钻井液的通道，它的大小和密集情况是由地层岩土性质客观决定的，除了较大的孔隙和裂隙外，一般地层的孔隙、裂隙较小，只允许钻井液自由水通过，而黏土颗粒周围的吸附水随着黏土颗粒及其他固相附着在井壁上构成泥饼，不再渗入地层。

井壁上形成泥饼后，渗透性减小，减慢钻井液的继续滤失。若钻井液中的细粒黏土多且水化效果好，则形成的泥饼致密且薄，钻井液滤失量便小；反之，钻井液中的粗颗粒多且水化效果差，则形成的泥饼疏松且厚，钻井液的滤失量便大。很明显，泥饼厚度（更严格地说应是滤余物质）随着滤失量的增大而增加。

总之，钻井液在井筒中的滤失行为是：在压差的作用下，钻井液中的液体透过井壁可渗入介质（岩石介质），固体颗粒为介质所截留，从而导致液体进入地层。

钻井液的滤失行为又可看作是过滤中的泥饼过滤过程。泥饼过滤是利用过滤介质表面或过滤过程中所生成的泥饼表面，来拦截固体颗粒，使固体与液体分离。这种过滤只能除去粒径大于泥饼孔道直径的颗粒，但并不要求过滤介质的孔道直径一定要小于被截留颗粒的直径。在一般情况下，过滤开始阶段会有少量小于介质通道直径的颗粒穿过介质混入滤液，但颗粒很快在介质通道入口处发生架桥现象（图 2.6），使小颗粒受到阻拦且在介质表面沉积形成泥饼。此时，真正对颗粒起拦截作用的是泥饼，而过滤介质仅起着支撑泥饼的作用。不过当悬浮液的颗粒含量极少而不能形成泥饼时，固体颗粒只能依靠过滤介质的拦截而与液体分离；此时只有大于介质孔道直径的颗粒方能从液体中除去。可见，钻井液在井内的滤失过程中伴随着泥饼的形成，泥饼质量特性的好坏直接影响造壁性的质量。钻井液的滤失行为最终体现为滤失量和泥饼质量（造壁性）两大关键性能。

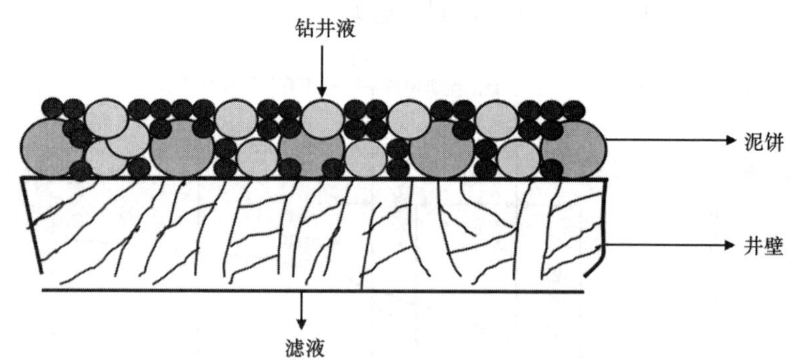

图 2.6　钻井液在泥饼中渗滤（滤失）示意图

在井内整个滤失过程中，阻挡滤失的是泥饼，而泥饼的形成必须依靠钻井液中的固相颗粒，可见，固相颗粒是影响滤失行为的直接因素。从原理上讲，钻井液中的固相颗粒随流体进入孔道主要依靠的是惯性效应、拦截效应、扩散效应、筛效应、重力沉积和静电效应 6 种机械物理效应，如图 2.7 所示。

2.1.2　高密度水基钻井液滤失模型（公式）

有不少学者用数学模型勾画出钻井液的滤失行为，最有代表性的是 20 世纪 90 年代美国学者 Civan 的研究。他就静态和动态滤失条件下线性和径向滤失时解释和预测不可压缩和可压缩泥饼厚度、滤失量和流量数据等建立了钻井液的滤失行为数学模型。这一数学模型考虑了压缩性、小颗粒侵入及其在泥饼和地层中的沉淀以及达西与非达西流态间关系的影响。研究表明，地层的颗粒筛选效率是影响泥饼性质和滤失速率的重要因素，与恒速滤失相比，恒压滤失时线性和径向泥饼滤失特性的差异更明显，泥饼厚度和滤失量更小。给出

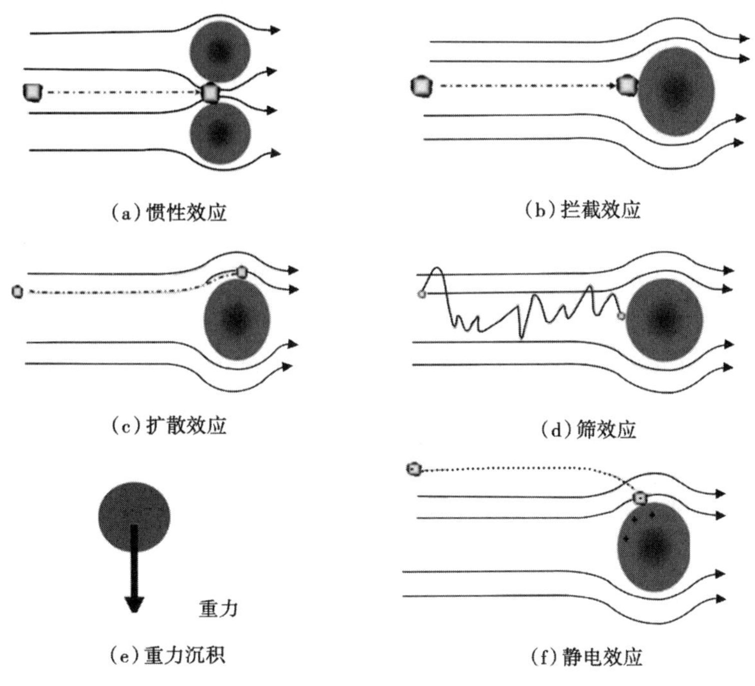

图 2.7　固相颗粒随流体进入孔道的机械物理效应

了考虑不可压缩颗粒和携带液的简化模型以及无颗粒侵入的不可压缩泥饼的解析解。这些模型深化了对泥饼滤失机理的认识，提供了解释试验数据、估算模型参数以及拟线性和径向滤失过程的实用方法。

在许多地下油气藏开采过程中必然会发生泥饼滤失。例如，油层压裂以及油藏中过平衡钻井往往会造成交叉流动滤失，导致在多孔岩石表面形成泥饼，滤液也会侵入油藏（Civan，1994，1996）。当钻井液含有不同尺寸的颗粒时，大颗粒形成泥饼的骨架，小颗粒会运移到大颗粒之间形成的孔隙性泥饼中并发生沉淀。同时，含小颗粒的悬浮液流过泥饼时产生的流体阻力效应会使泥饼经受压实作用（Tien 等，1997）。这样会使泥饼的孔隙度、渗透率和厚度发生变化，从而影响滤失过程的特性。当有滤失而无交叉流动时乃是静滤失，因此，颗粒连续沉降形成更厚的泥饼。出现交叉流动则是动滤失。因此，在颗粒沉降和冲蚀速率达到平衡之前泥饼厚度是变化的。

模型辅助的试验数据分析和解释以及滤失过程的优化和模拟一直为行业所关注。尽管许多工业上的滤失过程促进了径向滤失的应用，但以前多数模拟工作主要局限于线性滤失的应用。只有当滤体和泥饼的厚度相对于暴露于钻井液的过滤面半径足够小时，线性滤失模型才能近似地反映径向滤失；否则，研究径向滤失时应采用径向滤失模型。

一些诸如 Clark 和 Barbat（1989）修正过的经验关系式因其简单常被应用于静滤失和动滤失。Xie 和 Charles（1997）曾证实应用一组适当选择的无量纲数组改进了经验关系式，在许多应用中，人们更倾向于应用一些简单的模型，因为它们不仅方便，而且计算量少。以前报道的多数简单的解析模型，如 Collins（1961）、Hermia（1982）和 Nevers（1992）的模型，其适用性往往只局限于线性的恒速滤失。然而，一些应用也要求采用恒压滤失模型。Civan（1998a）构筑并验证了改进的线性和径向滤失模拟模型，这些模型适用于动态和静态条件下无颗粒侵入的不可压缩泥饼滤失。

简化模型忽略了滤失过程的内部细节，因此，如果应用条件超出了获得经验关系式的试验数据范围，就会得出错误的结果。在许多应用中，基于守恒定律和速率方程的、描述泥饼形成机理的现象学模型，侧重于小颗粒运移与沉淀以及泥饼压实等的泥饼形成，因为这些模型允许被外推到试验和标定模型的试验数据的范围以外。Chase 和 Willis（1992），Sherman 和 Sherwcxxt（1993）以及 Smiles 和 Kirby（1993）构筑了细粒侵入时可压缩泥饼的偏微分模型。Liu 和 Civan（1996）提出了动态条件下不可压缩泥饼形成、滤失和油藏颗粒侵入的偏微分模型。Tien 等人（1997）构筑了一种静态条件下考虑泥饼中小颗粒滞留的可压缩泥饼的偏微分模型。求解这些偏微分模型需要复杂、耗时和大计算量的数值方法。为了缓解这一困难，Abboud（1990）、Abboud（1993）以及 Civan（1994）都借助了泥饼厚度平均的公式。这样，偏微分滤失模型简化为常微分方程，计算量大幅减少。这种数学简化模型具有特定优势，因为现有可用的成熟数值方法可方便、快速、准确地求解常微分方程。Sorapcioglu 和 Abboud（1990）、Abboud（1993）提出的厚度平均模型考虑了恒定孔隙度和静态条件下的线性滤失。他们在滤失实验中假设孔隙度恒定是正确的，因为他们采用了非常稀的颗粒悬浮液，且滤失压力很低，接近于大气压。他们的模型不适用于 Tien 等人（1997）所研究的稠钻井液高压滤失。他们进一步假设大颗粒和小颗粒在不断形成的泥饼表面的沉淀速率相同，这一假设对于多数应用不成立。

Civan（1998b））提出了改进的常微分、线性与径向滤失模型，兼顾静态和动态条件下的泥饼压实、小颗粒侵入和滞留。他通过延伸 Corapcioglu 和 Abboud（1990）及 Civan（1994，1996）的方法，应用了泥饼厚度平均方法。该新模型缓解了上述模型存在的问题。Civan（1998b）还推导出了其模型的简化形式，认为在许多实际应用中，颗粒和携带液可假设为不可压缩。他介绍了模型简化形式在径向滤失和线性滤失上的应用，并对结果进行了比较。厚度平均常微分泥饼模型重现了 Tien 等人（1997）偏微分模型的预测，但更加迅速，计算量也大大减少。

多数滤失模型，用达西定律表述孔隙介质中的流动。因此，这些模型的应用限于低流速、低压差条件。Civan（1999a，1999b）通过扩展考虑达西流动的模型，提出了动态滤失和静态滤失条件下非达西流动的线性和径向滤失模型。非达西流动用 Forehheimer 定律来描述。在 Civan 的研究中介绍了包括非达西效应的滤失模型。但这些模型仍然适用于达西流动，因为在低流速条件下非达西效应消失。Civan（1998a）也通过绘制线型诊断图发展和验证了几种由试验数据确定这些不可压缩泥饼滤失模型参数的方法。但是，有些参数要通过直接测量，或用滤失模型通过实验数据的最小二乘法回归获得。这里介绍一下 Civan（1998a，1998b）不可压缩情况下线性泥饼、径向泥饼的滤失模型及其滤失公式。

2.1.2.1 线性泥饼滤失模型

图 2.8 为一水力造缝处泥饼形成的示意图，图 2.9 为简化的一维线性泥饼滤失示意图。

钻井液侧泥饼表面、滤液渗出侧泥饼表面和孔隙介质液体流出侧表面的位置分别用 x_c、x_w 和 x_e 表示。与室内岩心塞实验一致，截面用 a 表示，岩心长度用 $L=x_e-x_w$ 表示。

泥饼中的颗粒质量平衡由式（2.1）给出：

$$-(\rho_p \epsilon_s)_c \mathrm{d}x_c/\mathrm{d}t = R_{ps} \tag{2.1}$$

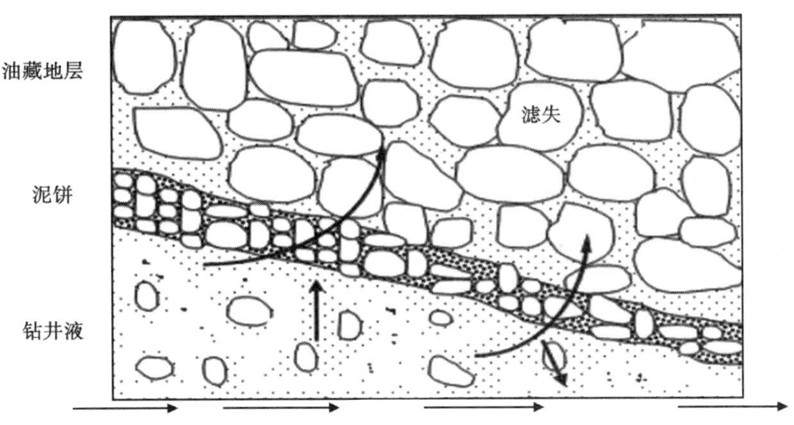

图 2.8　水力造缝表面泥饼的滤失模型

式中，ρ_p 为颗粒密度；t 为时间；ϵ_s 为泥饼颗粒的体积分数，它是泥饼孔隙度 ϕ_c 的函数，表示为 $\epsilon_s=1-\phi_c$；R_{ps} 为钻井液形成泥饼时颗粒沉降的净质量速率，由式（2.2）给出（Civan，1998b，1999a，1999b）：

$$R_{ps} = k_d u_c c_p - k_e(\epsilon_s \rho_p)_c \cdot (\tau_s - \tau_{cr}) U(\tau_s - \tau_{cr}) \tag{2.2}$$

式（2.2）右边第一项表示颗粒沉降速率与被滤失表面法线方向的滤失体积流量 u_c，与朝至滤失表面携带颗粒的质量成正比，即：

$$u_c = q/a \tag{2.3}$$

式中，q 为携带液滤失流速；a 为泥饼的表面积；c_p 为钻井液中单位体积携带液所含的颗粒质量；k_d 为沉降速率系数。

式（2.2）右边的第二项表示钻井液一侧泥饼表面的颗粒冲蚀速率。只有当钻井液施于泥饼表面的剪切应力 τ_s 超过使颗粒自泥饼表面脱落所需要的最小临界应力值 τ_{cr} 时才会发生冲蚀。剪切应力由式（2.4）给出：

$$\tau_s = k'(8v)^{n'} \tag{2.4}$$

式中，k' 和 n' 分别为钻井液稠度系数和流动指数。

临界剪切应力取决于多种因素，包括表面粗糙度和颗粒黏稠度（Civan，1998a，1998b）以及老化（Ravi 等，1992），它应该直接测量。沉降速率常数和冲蚀速率常数取决于颗粒和携带液的性质以及钻井液的条件，如颗粒浓度、流速和压力。

Ravi 等人（1992）用 Potanin 和 Uricv（1991）提出的方程预测临界剪切应力，其准确度与他们的实验测量结果在同一数量级：

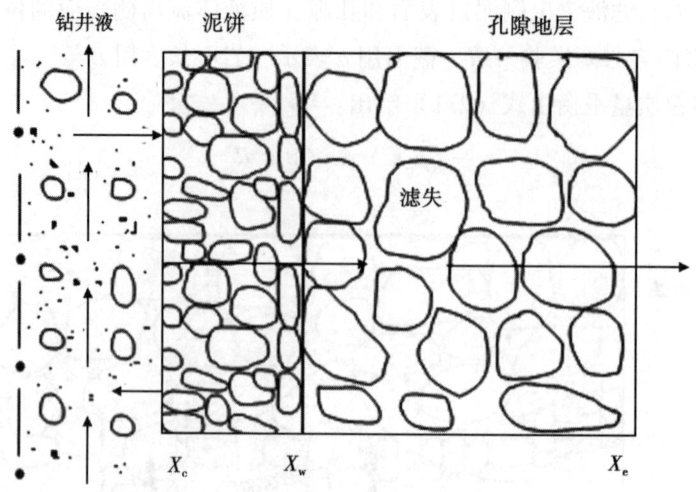

图 2.9　岩心塞平缓表面的线性泥饼滤失模型

$$\tau_{cr} = H/(24dl^2) \tag{2.5}$$

式中，H 为 Hamaker 系数，3.0×10^{-13}erg❶；d 为平均颗粒直径，cm；l 为泥饼表面颗粒的间距，cm。

但是由式（2.5）得出的数值仅为一阶准确度估计，因为该方程是基于理想理论推导得出的。理想理论不考虑其他因素的影响，如影响颗粒脱离的老化（Ravi 等，1992）、表面粗糙度以及颗粒黏稠度（Civan，1996）。因此，采用颗粒尺寸和间距的式（2.5）预测的临界剪切应力值，基本上与实际值不符。Ravi 等人（1992）建议通过实验确定临界剪切应力。

$U(\tau_s-\tau_{cr})$为亥维赛（Heaviside）阶梯函数［当 $\tau_s<\tau_{cr}$时，$U(\tau_s-\tau_{cr})=0$；当 $\tau_s\leqslant\tau_{cr}$时，$U(\tau_s-\tau_{cr})=1$］。

$(\epsilon_s\rho_p)_c$ 为钻井液侧泥饼面单位总体积所含的颗粒质量。冲蚀速率也与泥饼的颗粒含量 $(\epsilon_s\rho_p)_c$ 有关，如果没有泥饼，即 $(\epsilon_s\rho_p)_c=0$，则不会发生冲蚀。这里假设泥饼的性质不变。

$$(\epsilon_s\rho_p)_c=\epsilon_s\rho_p=\text{常数} \tag{2.6}$$

因此，k_e 和 $(\epsilon_s\rho_p)_c$ 可以合为一个系数（Civan，1999a）：

$$\tilde{k}_e \equiv k_e(\epsilon_s\rho_p)_c \tag{2.7}$$

这样，式（2.2）可简化为 Civan 方程（1999a）：

$$R_{ps} = k_d u_c c_p - \tilde{k}_e(\tau_s - \tau_{cr})U(\tau_s - \tau_{cr})H(\epsilon_s) \tag{2.8}$$

其中，当 $\epsilon_s=0$（无泥饼）时，$H(\epsilon_s)=0$；当 $\epsilon_s>0$ 时，$H(\epsilon_s)=1$。函数 $H(\epsilon_s)$ 可

❶ erg（尔格）表示机械功，1erg=10^{-7}J。

用泥饼厚度 δ 表示，当 $\delta=0$ 时，$H(\delta)>0$；当 $\delta>0$ 时，$H(\delta)=1$。这是因为当 $\delta=0$ 时，$\epsilon_s=0$。

泥饼厚度 δ 由式（2.9）给出：

$$\delta=x_w-x_c \tag{2.9}$$

注意钻井液侧泥饼表面的位置 x_w 是固定的。

代入式（2.3）、式（2.8）和式（2.9），式（2.1）可写为（Civan，1998a）：

$$\mathrm{d}\delta/\mathrm{d}t = Aq - B,\ \delta \geqslant 0 \tag{2.10}$$

$$A = k_d c_p/[(1-\phi_c)\rho_p a] \tag{2.11}$$

$$B = \frac{\widetilde{K}_e(\tau_s-\tau_{cr})U(\tau_s-\tau_{cr})H(\epsilon_s)}{(1-\phi_c)\rho_p} = k_s(\tau_s-\tau_{cr})U(\tau_s-\tau_{cr})H(\epsilon_s) \tag{2.12}$$

式（2.10）的初始条件为：

$$\delta=0,\ t=0 \tag{2.13}$$

携带液通过泥饼和滤体的快速滤失流可用 Forchheimer 方程表示：

$$-\frac{\partial p}{\partial x} = \frac{\mu}{K}u + \rho\beta u^2 \tag{2.14}$$

惯性流系数由 Liu 等人（1995）给出：

$$\beta = 2.92 \times 10^4 \tau/(\phi K) \tag{2.15}$$

式中，β 为惯性流系数，cm^{-1}；K 为渗透率，D；τ 为弯曲度，无量纲。

将式（2.13）代入式（2.14）得：

$$-\frac{\partial p}{\partial x} = \frac{\mu}{aK}q + \frac{\rho\beta}{a^2}q^2 \tag{2.16}$$

正如 Civan 所解释的，不论是恒压滤失还是恒速滤失，携带液的瞬时滤失流速 q 在泥饼和滤体中到处相同。下面将推导出变速滤失和恒速滤失的公式。

对于所施加压差下的变速滤失，用泥饼形成前和泥饼形成过程中的条件分别对式（2.16）积分，得到：

$$p_c - p_e = \frac{q_o\mu L_f}{aK_f} + \frac{\rho\beta_f L_f q_o^2}{a^2} \tag{2.17}$$

和

$$p_c - p_e = (p_c - p_w) + (p_w - p_e) = \left(1 + \frac{K_f\delta}{K_c L_f}\right)\frac{q\mu L_f}{aK_f} + \left(1 + \frac{\beta_c\delta}{\beta_f L_f}\right)\frac{\rho\beta_f L_f q^2}{a^2} \tag{2.18}$$

然后消去式（2.17）和式（2.18）中的（p_c-p_e）项求解 q。

对于达西流动（$\beta_f=\beta_c=0$），有：

$$q=-\widetilde{\gamma}/\widetilde{\beta} \tag{2.19a}$$

对于非达西流动，有：

$$q=\frac{-\widetilde{\beta}+\sqrt{\widetilde{\beta}^2-4\widetilde{\alpha}\,\widetilde{\gamma}}}{2a} \tag{2.19b}$$

其中：

$$\widetilde{\alpha}=(\beta_f L_f+\beta_c\delta)\frac{\rho}{a^2} \tag{2.20}$$

$$\widetilde{\beta}=(1+\frac{K_f\delta}{K_c L_f})\frac{\mu L_f}{aK_f} \tag{2.21}$$

$$\widetilde{\gamma}=-(\frac{q_o\mu L_f}{aK_f}+\frac{\rho\beta_f L_f q_o^2}{a^2}) \tag{2.22}$$

或消去式（2.17）和式（2.18）中的（p_c-p_e）项，求解δ：

$$\delta=\frac{\frac{\mu L_f q_o}{aK_f}(1-\frac{q}{q_o})+\frac{\rho\beta_f L_f q_o^2}{a^2}[1-(\frac{q}{q_o})^2]}{\frac{\mu q}{aK_c}+\frac{\rho\beta c q^2}{a^2}} \tag{2.23}$$

注意：当$q=q_o$时式（2.23）得$\delta=0$。将式（2.23）对时间求导，然后代入式（2.10）得：

$$-\left\{(\frac{\mu L_f}{aK_f}+\frac{2\rho\beta_f L_f q}{a^2})(\frac{\rho\beta_c q^2}{a^2})+\left[\frac{\mu L_f q_o}{aK_f}(1-\frac{q}{q_o})+\frac{\rho\beta_F L_f q_o^2}{a^2}(1-\frac{q^2}{q_o^2})\right]\times\right.$$
$$\left.(\frac{\mu}{aK_c}+\frac{2\rho\beta_c q}{a^2})\right\}\frac{dq}{dt}=(\frac{\mu q}{aK_c}+\frac{\rho\beta_c q^2}{a^2})^2(Aq-B) \tag{2.24}$$

其初始条件为：

$$q=q_o,\ t=0 \tag{2.25}$$

代入式（2.19）并考虑式（2.13）给出的初始条件，可用数值方法求解式（2.10）。如Runge-Kutta-Fehlberg 四（五）法（Fehlberg，1969）。也可用同样的方法对式（2.24）和式（2.25）进行数值求解。

滤失速率与累计滤失量的关系可由式（2.26）和式（2.27）给出：

$$Q=\int_0^t q\,dt \tag{2.26}$$

$$q=dQ/dt \tag{2.27}$$

注意：当忽略惯性效应即（$\beta_f=\beta_c=0$）时，式（2.23）和式（2.24）可分别简化为式

（2.28）和式（2.32）（Civan，1998a）。

$$\delta = C/q - D \tag{2.28}$$

其中：

$$C = q_o D \tag{2.29}$$

$$D = L_f K_c / K_f \tag{2.30}$$

$$\mu_c = q/a \tag{2.31}$$

和

$$dq/dt = -(1/C) q^2 (Aq - B) \tag{2.32}$$

其条件为：

$$q = q_o, \quad t = 0 \tag{2.33}$$

这样，即可以求出滤失速率、累计滤失量和泥饼厚度的解，Civan（1998a，1999a）已通过实例予以证实。

式（2.32）和式（2.33）的解析解为（Civan，1998a）：

$$t = -\frac{C}{B}\left[\frac{A}{B}\ln\left(\frac{\frac{A}{B} - \frac{1}{q}}{\frac{A}{B} - \frac{1}{q_o}}\right) + \frac{1}{q} - \frac{1}{q_o}\right] \tag{2.34}$$

消去式（2.28）和式（2.34）中的 q 得到另一表达式：

$$t = -\frac{C}{B}\left[\frac{A}{B}\ln\left(\frac{\frac{A}{B} - \frac{\delta + D}{C}}{\frac{A}{B} - \frac{\delta_o + D}{C}}\right) + \frac{\delta - \delta_o}{C}\right] \tag{2.35}$$

一般有 $t=0$ 时，$\delta_0=0$（即无初始泥饼）。

式（2.35）与 Collins（1961）的方程不同，因为 Collins 没有考虑泥饼的冲蚀。因此，Collins 方程用于静滤失。要得出 Collins 方程的结果，必须将 $k_e=0$ 或 $B=0$ 代入式（2.10），这样由式（2.18）和式（2.10）消去 q 再积分，得到下述泥饼厚度（Civan，1998a）：

$$0.5\delta^2 + D\delta = ACt \tag{2.36}$$

式（2.36）与式（2.37）、式（2.29）、式（2.30）和式（2.11）合并，当 $\beta_f=0$ 时，采用下述单位体积携带液悬浮的颗粒质量（以钻井液中颗粒体积分数 σ_p 表示）表达式为：

$$c_p = \rho_p \sigma_p / (1 - \sigma_p) \tag{2.37}$$

即得 Collins 方程。

Civan 通过对 $B=0$ 时式（2.32）的积分，并应用式（2.26）导出了滤失速率和累计滤失量的表达式，分别为：

$$q = q_o / \sqrt{1 + (2Aq_o^2/C)t} \tag{2.38}$$

$$Q = (C/A)(q^{-1} - q_o^{-1}) \tag{2.39}$$

式（2.38）表明，由于形成静态泥饼，滤失速率随时间递减。Donaldson 和 Chernoglazov（1987）应用了一经验衰减函数：

$$q = q_o \exp(-\beta t) \tag{2.40}$$

式中，β 为经验系数。

恒速滤失时对于变化积分的剪切应力 τ_s，可用数值方法对式（2.10）［初始条件为式(2.13)］积分。当剪切应力恒定或变化不明显时，可以得到下述解析解（Civan，1999a)：

$$\delta = (Aq - B)t \tag{2.41}$$

式中，静态条件下由于 $\tau=0$，因而 $B=0$；动态条件下由于 $\tau \neq 0$，因而 $B=0$。静态滤失和动态滤失的累计滤失量由式（2.42）给出：

$$Q = qt \tag{2.42}$$

这样，在孔隙过滤介质液体流出端的回压 p_e 已知的情况下，可由式（2.18）计算出压差（$p_c - p_e$）或钻井液注入压力 p_c。将式（2.42）代入式（2.39）可导出下述常规的滤失方程（Hermia，1982；de Nevers，1992)：

$$\frac{t}{Q} = \frac{A}{C}Q + \frac{1}{q_o} \tag{2.43}$$

2.1.2.2 径向泥饼滤失模型

井筒中过平衡钻井液循环时砂岩表面泥饼形成如图 2.10 所示，图 2.11 为 1/4 面积示意图。钻井液侧泥饼表面、泥饼覆盖的砂岩表面和滤液影响到的外表面的半径分别以 r_e、r_w 和 r_e 表示，地层厚度为 h。

颗粒的质量平衡方程由式（12.44）给出（Civan，1994，1998a)：

$$-(p_p \epsilon_s) \mathrm{d}r_c / \mathrm{d}t = R_{ps} \tag{2.44}$$

泥饼厚度 δ 由式（2.45）给出：

$$\delta = r_w - r_c \tag{2.45}$$

R_{ps} 由式（2.8）给出。泥饼表面钻井液的剪切应力由 Rabinowitsch－Mooney 方程（Metzner 和 Reed，1995）给出：

$$\tau_s = k'(4v/r_c)^{n'} \tag{2.46}$$

泥饼表面携带液的滤失流量 u_c（用滤失流速项表示）为：

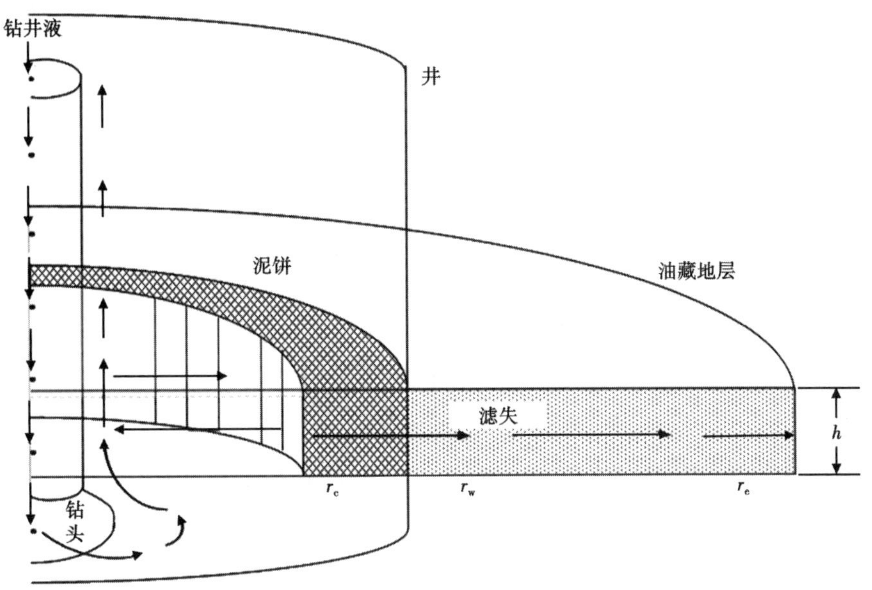

图 2.10 井筒中砂岩表面的泥饼形成

$$u_c = \frac{q}{2\pi r_c h} \tag{2.47}$$

将式（2.8）、式（2.45）和式（2.47）代入式（2.44）（Civan，1999a）得：

$$\frac{d\delta}{dt} = A\frac{q}{r_w - \delta} - B,\ 0 \leqslant \delta \leqslant r_w \tag{2.48}$$

其中：

$$A = \frac{k_d c_p}{2\pi h(1 - \phi_c)\rho_p} \tag{2.49}$$

B 由式（2.12）给出。式（2.48）的初始条件为：

$$\delta = 0,\ t = 0 \tag{2.50}$$

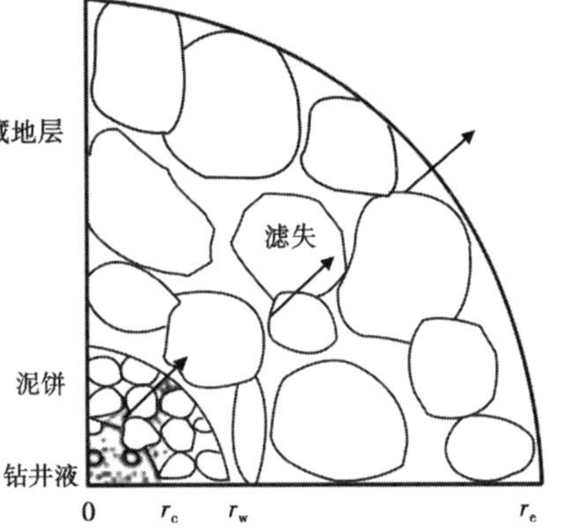

图 2.11 井筒砂岩表面的径向泥饼滤失模型

携带液径向流动时，Forchheimer 方程写为：

$$-\frac{\partial p}{\partial r} = \frac{\mu}{K} + \beta\rho\mu^2 \tag{2.51}$$

携带液的径向体积流量由式（2.52）给出：

$$\mu = \frac{q}{2\pi rh} \tag{2.52}$$

这样，将式（2.52）代入式（2.51）得：

$$-\frac{\partial p}{\partial r}=\frac{\mu}{2\pi hK}\frac{q}{r}+\frac{\rho\beta}{(2\pi h)^2}\left(\frac{q}{r}\right)^2 \tag{2.53}$$

以泥饼形成前和泥饼形成过程为主要条件对式（2.53）积分，得到下述表达式（Civan，1999a）：

$$p_c-p_e=\frac{q_o\mu}{2\pi hK_f}\ln\left(\frac{r_e}{r_w}\right)+\frac{\rho\beta_f q_o^2\mu}{(2\pi h)^2}\left(\frac{1}{r_w}-\frac{1}{r_e}\right) \tag{2.54}$$

和

$$p_c-p_e=\frac{q\mu}{2\pi hK_f}\left[\ln\left(\frac{r_e}{r_w}\right)+\frac{K_f}{K_c}\ln\left(\frac{r_w}{r_c}\right)\right]+\frac{\rho\beta_f q^2}{(2\pi h)^2}\left[\frac{1}{r_w}-\frac{1}{r_e}+\frac{\beta_c}{\beta_f}\left(\frac{1}{r_c}-\frac{1}{r_w}\right)\right] \tag{2.55}$$

这样，消去式（2.54）和式（2.55）中的（p_c-p_e）项，代入式（2.45），再求解 q。对于达西流动（$\beta_f=\beta_c=0$），有：

$$q=-\tilde{\gamma}/\tilde{\beta} \tag{2.56a}$$

对于非达西流动，则有：

$$q=\frac{-\tilde{\beta}+\sqrt{\tilde{\beta}^2-4\tilde{\alpha}\tilde{\gamma}}}{2\alpha} \tag{2.56b}$$

其中：

$$\alpha=\frac{\rho}{(2\pi h)^2}\left[\beta_f\left(\frac{1}{r_w}-\frac{1}{r_e}\right)+\beta_c\left(\frac{1}{r_w-\delta}-\frac{1}{r_w}\right)\right] \tag{2.57}$$

$$\tilde{\beta}=\frac{\mu}{2\pi hK_f}\left[\ln\left(\frac{r_e}{r_w}\right)+\frac{K_f}{K_c}\ln\left(\frac{r_w}{r_w-\delta}\right)\right] \tag{2.58}$$

$$\tilde{\gamma}=-\left[\frac{q_o}{2\pi hK_f}\ln\left(\frac{r_e}{r_w}\right)+\frac{\rho\beta_f q_o^2\mu}{(2\pi h)^2}\left(\frac{1}{r_w}-\frac{1}{r_e}\right)\right] \tag{2.59}$$

代入式（2.56）并考虑式（2.50）给出的初始条件，即可用数值方法求解式（2.48），如 Runge—Kutta—Fehlberg 四（五）法。

累计滤失量由式（2.26）给出。若回压 p_e 已知，即可由式（2.55）计算出压差（p_c-p_e）或钻井液注入压力 p_c。

当惯性流动项可忽略时，令式（2.54）等于式（2.55），并重新整理得到（Civan，1998a）：

$$\ln(r_w/r_c)=(q_o/q-1)(K_c/K_f)\ln(r_e/r_w) \tag{2.60}$$

式（2.60）可写为：

$$r_c/r_w=\exp(-C/q=D) \tag{2.61}$$

其中：

$$C = q_o D/K_f \tag{2.62}$$

式中，q_o 为式（2.54）在 $\beta_f=0$ 时得出的泥饼形成前的注入速率。

D 由式（2.63）给出：

$$D = (K_c/K_f)\ln(r_e/r_w) \tag{2.63}$$

这样，将式（2.45）和式（2.61）代入式（2.48）并重新整理，得到滤液流速方程（Civan，1998a）：

$$\mathrm{d}q/\mathrm{d}t = (-1/C)q^2[Aq\exp(C/q - D) - B]\exp(C/q - D) \tag{2.64}$$

其初始条件为：

$$q=q_o,\ t=0 \tag{2.65}$$

不同泥饼半径 $r_c=r_c(t)$ 壁剪切应力用式（2.46）计算。泥饼厚度由式（2.45）和式（2.48）计算。式（2.64）和式（2.65）可用适当的数值方法（如 Runge-Kutta 法）求解。但对于薄泥饼，因为 $r_c \approx r_w$，所以假设壁剪切应力近似为常数也是合理的。这样对式（2.64）积分可得（Civan，1999a）：

$$t = -C\int_{q_0}^{q}\{q^2\exp(C/q - D)[Aq\exp(C/q - D) - B]\}^{-1}\mathrm{d}q \tag{2.66}$$

对于恒速滤失，不同的剪切应力 τ_s 可用数值方法对以式（2.50）为初始条件的式（2.48）积分求得。若泥饼厚度不大，剪切应力 τ_s 随泥饼半径 r_c 的变化可以忽略，则可得到动态条件下（$B\neq0$）的解析解（Civan，1999a）：

$$t = -\frac{\delta}{B} + \frac{Aq}{B^2}\ln\left[\frac{r_w - \delta - (Aq/B)}{B - (Aq/B)}\right] \tag{2.67}$$

静滤失条件下（$B=0$）的解由式（2.68）得出（Civan，1999a）：

$$t = \frac{1}{Aq}\left(r_w\delta - \frac{1}{2}\delta^2\right) \tag{2.68}$$

无论流动是达西流还是非达西流，式（2.67）和式（2.68）均适用。

在上述基础上，Civan 建立起了径向滤失公式和线性滤失公式。

（1）径向滤失公式的建立。

假设钻井液作用于筒式滤体的内表面，滤液从其外表面流出（图 2.11）。所制作的模型同样也适用于相反的过程。泥饼位于泥饼赖以形成的滤体内表面半径 r_w（cm）与钻井液侧泥饼表面半径 r_c（cm）之间，泥饼厚度为 $h=r_w-r_c$。滤液流出的滤体外表面半径为 r_e（cm），滤体宽度用 w（cm）表示，则供泥饼形成的滤体内表面积为 $2\pi r_w w$。钻井液在滤体表面的切向流动或漫流的速度为 v_f（cm/s），滤液进入滤体的滤失速度为 u_f [cm^3（cm^3 · s）]，滤失速度方向与滤体表面垂直，因为在钻井液和滤体流出侧之间存在过平衡压力。流动的颗粒悬浮液和泥饼（固体）分别用脚标 f 和 s 表示。携带相（液体）和颗粒分别用脚标 l 和 p 表示。Tien 等人（1997）的研究认为，钻井液中既含有尺寸比滤体介质孔隙大的颗粒，它们形成泥饼，又含有尺寸比泥饼和滤体介质孔隙小的颗粒，它们可进入泥饼和滤体，并发生沉淀，所有颗粒（大颗粒加小颗粒）均用 p 表示，而大颗粒和小颗粒则分别以 p1 和 p2 来表示。

Civan（1998a，1998b）针对下述情况，设计了考虑泥饼厚度平均体积平衡方程滤失模型：①泥饼的总颗粒（大颗粒加小颗粒）；②泥饼的细颗粒；③流经泥饼的细颗粒悬浮液中的携带液；④流经泥饼的细颗粒悬浮液携带的细颗粒。

形成泥饼的颗粒的径向质量平衡、泥饼内滞留的小颗粒、携带液和悬浮于携带液中的小颗粒由 Civan（1998a）给出，分别为：

$$\frac{\mathrm{d}}{\mathrm{d}t}\left[(r_w^2 - r_c^2)\overline{\epsilon_s \rho_p}\right] = 2r_c R_{ps}^{\sigma} + (r_w^2 - r_c^2)\overline{R}_{p2s} \tag{2.69}$$

$$\frac{\mathrm{d}}{\mathrm{d}t}\left[(r_w^2 - r_c^2)\overline{\epsilon_s c_{p2s}}\right] = 2r_c R_{ps}^{\sigma} + (r_w^2 - r_c^2)\overline{R}_{p2s} \tag{2.70}$$

$$\frac{\mathrm{d}}{\mathrm{d}t}\left[(r_w^2 - r_c^2)\overline{\epsilon_c \rho_1}\right] + (\rho_1\epsilon_1)_{\mathrm{slurry}}\frac{\mathrm{d}r_c^2}{\mathrm{d}t} = 2r_c(\rho_1 u_1)_{\mathrm{slurry}} - 2r_w(\rho_1 u_1)_{\mathrm{filter}} \tag{2.71}$$

$$\frac{\mathrm{d}}{\mathrm{d}t}\left[(r_w^2 - r_c^2)\overline{\epsilon_1 c_{p21}}\right] + (\epsilon_1 c_{p21})_{\mathrm{slurry}}\frac{\mathrm{d}r_c^2}{\mathrm{d}t} =$$

$$2r_c(c_{p21}u_1)_{\mathrm{slurry}} - 2r_w(c_{p21}u_1)_{\mathrm{filter}} - 2r_c R_{p2s}^{\sigma} - (r_w^2 - r_c^2)\overline{R}_{p2s} \tag{2.72}$$

式（2.69）至式（2.72）用于位于 $r_c \leq r \leq r_w$ 之间的泥饼，且时间 $t > 0$。∞_s 和 ∞_1 分别表示形成泥饼的颗粒和携带液所占据的总泥饼系统的体积分数。ρ_p 和 ρ_1 分别为颗粒和携带液的密度（g/cm^3）。u_1 为流经泥饼的携带液的体积流量［cm^3/(s·cm^3)］。c_{p2s}和 c_{p21}分别为单位体积的泥饼形成颗粒和流经泥饼的携带液中所含小颗粒的质量［g/(s·cm^3)］。t 和 r 分别表示时间和径向距离。

R_{ps}^{σ}为颗粒从钻井液中沉淀于渐进式泥饼表面的质量流速［g/(s·cm^3)］，由下式给出：

$$R_{ps}^{\sigma} = R_{p1s}^{\sigma} + R_{p2s}^{\sigma} \tag{2.73}$$

式中，R_{p1s}^{σ}和 R_{p2s}^{σ} 分别为大颗粒和小颗粒从钻井液中沉淀于泥饼表面的质量流速，g/(s·cm^3)。

除非小颗粒在经过大颗粒形成的孔隙时被卡而滞留，如 Civan（1994，1996）和 Liu 及 Civan（1996）描述的那样；否则，R_{p2s}^{σ}往往被忽略。

泥饼厚度的变化 $h=r_w-r_c$ 可用变化的钻井液侧泥饼表面半径 $r_c=r_c(t)$ 来计算。

在许多实际应用中，假设颗粒和携带液不可压缩是合理的。大颗粒和小颗粒的体积滞留速率分别为：

$$N_{is}^{\sigma} = R_{is}^{\sigma}/\rho_i,\ i = p_1,\ p_2 \tag{2.74}$$

$$N_{p2s} = R_{p2s}/\rho \tag{2.75}$$

j 相中物质 i 的体积浓度（或体积分数）、j 相中物质 i 在总泥饼系统中的体积分数和 j 相中物质 i 的表面速度分别为：

$$\sigma_{ij} = c_{ij}/\rho_i \tag{2.76}$$

$$\epsilon_{ij} = \epsilon_j \sigma_{ij} \tag{2.77}$$

$$u_{ij} = u_j \sigma_{ij} \tag{2.78}$$

式中，t 为时间；$\overline{\epsilon_{p2s}}$ 和 $\overline{\epsilon_{p21}}$ 分别为泥饼骨架的细粒体积分数和流经泥饼骨架的细粒悬浮液的细粒体积分数；ϕ 为泥饼的平均孔隙度；$(u_1)_{slurry}$ 和 $(u_1)_{filter}$ 分别为携带液进入和流出泥饼的体积流量。

将式（2.74）至式（2.78）分别代入式（2.69）至式（2.72），分别得下述体积平衡方程 Civan（1996b）：

$$\frac{d}{dt}\left[(r_w^2 - r_c^2)(1 - \overline{\phi})\right] = 2r_c N_{ps}^{\sigma} + (r_w^2 - r_c^2)\overline{N}_{p2s} \tag{2.79}$$

$$\frac{d}{dt}\left[(r_w^2 - r_c^2)\overline{\epsilon}_{p2s}\right] = 2r_c N_{ps}^{\sigma} + (r_w^2 - r_c^2)\overline{N}_{p2s} \tag{2.80}$$

$$\frac{d}{dt}\left[(r_w^2 - r_c^2)(\overline{\phi} - \epsilon_{p21})\right] + \left[1 - (\epsilon_{p1})_{slurry}\right]\frac{dr_c^2}{dt} = 2r_c(u_1)_{slurry} - 2r_w(u_1)_{filtrate} \tag{2.81}$$

$$\frac{d}{dt}\left[(r_w^2 - r_c^2)\overline{\epsilon}_{p21}\right] + (\epsilon_{p1})_{slurry}\frac{dr_c^2}{dt} = 2r_c(u_{p21})_{slurry} - 2r_w(u_{p21})_{filtrate} - 2r_c N_{ps}^{\sigma} - (r_w^2 - r_c^2)\overline{N}_{p2s} \tag{2.82}$$

式（2.79）至式（2.82）可用数值方法求解，其初始条件为：

$$r_c = r_w,\ \overline{\epsilon}_{p2s} = \overline{\epsilon}_{p21} = 0,\ t = 0 \tag{2.83}$$

（2）线性滤失公式的建立。

上述径向泥饼方程可通过引入下述转换关系轻而易举地变成线性泥饼方程：

$$x = r^2,\ h = x_w - x_c = r_w^2 - r_c^2 \tag{2.84}$$

这样，将式（2.84）分别应用于式（2.69）至式（2.72），得下述线性泥饼形成时的厚度平均质量平衡方程（Civan，1998b）：

$$\frac{d}{dt}(h\,\overline{\epsilon_s \rho_p}) = R_{ps}^{\sigma} + h\overline{R}_{p2s} \tag{2.85}$$

$$\frac{d}{dt}(h\,\overline{\epsilon_s c_{p2s}}) = R_{p2s}^{\sigma} + h\overline{R}_{p2s} \tag{2.86}$$

$$\frac{d}{dt}(h\,\overline{\epsilon_1 \rho_1}) - (\epsilon_1 c_{p21})_{slurry}\frac{dh}{dt} = (p_1 u_1)_{slurry} - (\rho_1 u_1)_{filtrate} \tag{2.87}$$

$$\frac{d}{dt}(h\overline{\epsilon_s c_{p21}}) - (\epsilon_1 c_{p21})_{slurry}\frac{dh}{dt} = (c_{p21}u_1)_{slurry} - (c_{p21}u_1)_{filtrate} - R^{\sigma}_{p2s} - h\overline{R}_{p2s} \quad (2.88)$$

同样，式（2.79）至式（2.82）分别变为（Givan，1999b）：

$$\frac{d}{dt}[(x_w - x_c)(1-\overline{\phi})] = N^{\sigma}_{ps} + (x_w - x_c)\overline{N}_{p2s} \quad (2.89)$$

$$\frac{d}{dt}[(x_w - x_c)\overline{\epsilon}_{p2s}] = N^{\sigma}_{ps} + (x_w - x_c)\overline{N}_{p2s} \quad (2.90)$$

$$\frac{d}{dt}[(x_w - x_c)(\overline{\phi} - \epsilon_{p21})] + [1 - (\epsilon_{p1})_{slurry}]\frac{dx_c}{dt} = (u_1)_{slurry} - (u_1)_{filtrate} \quad (2.91)$$

$$\frac{d}{dt}[(x_w - x_c)(\epsilon_{p21})] + (\epsilon_{p21})_{slurry}\frac{dx_c}{dt} = (u_{p21})_{slurry} - (u_{p21})_{filtrate} - N^{\sigma}_{ps} - (x_w - x_c)\overline{N}_{p2s} \quad (2.92)$$

式（2.89）至式（2.92）可用数值方法求解，其初始条件为：

$$x_w = x_c,\ \overline{\epsilon}_{p2s} = \overline{\epsilon}_{p21} = 0,\ t = 0 \quad (2.93)$$

泥饼中固体和孔隙中流体的体积分数可用泥饼孔隙度表示，分别为：

$$\overline{\epsilon}_s = 1 - \overline{\phi} \quad (2.94)$$

$$\overline{\epsilon}_f = \epsilon + \epsilon_{p21} = \overline{\phi} \quad (2.95)$$

式中，ϕ 为泥饼的平均孔隙度，cm^3/cm^3。

根据式（2.76）至式（2.78），小颗粒的体积流量和单位体积携带液的质量分别为：

$$u_{p21} = u_1\epsilon_{p21}/\epsilon_1 = u_1 c_{p21}/\rho_p \quad (2.96)$$

$$c_{p21} = \rho_p\epsilon_{p21}/\epsilon_1 \quad (2.97)$$

Civan（1996）认为多数小颗粒进入泥饼，只有一小部分小颗粒因被卡而在泥饼的近钻井液侧发生沉淀。泥饼的形成主要是由于大颗粒的沉淀所致，渐进式泥饼表面小颗粒沉淀则可以忽略。随着微粒悬浮液流过泥饼，小颗粒的沉淀主要发生于泥饼骨架内。这样，大颗粒和小颗粒沉淀速率的数量级差别就大（即 $R^{\sigma}_{pls} \gg R^{\sigma}_{p2s}$，故 $R^{\sigma}_{ps} \approx R^{\sigma}_{pls}$）。但用式（2.73）更准确。

这些模型的数值解要求有钻井液、颗粒、携带液、滤失体及泥饼的性质、实际试验条件以及需测量的系统参数和变量等方面的资料。已报道的对钻井液滤失的研究只对滤失量或速率及少量参数进行了测量，没有提供对这些模型全尺寸试验验证所需的整套数据。Civan（1998a）分别将 Willis 等人（1983）和 Fisk 等人（1991）的数据用于线性滤失和径向滤失，因为这些数据比其他报道的研究数据提供了更多的信息。研究结果表明，无论线性滤失还是径向滤失，实验测得的滤失量、泥饼厚度与模型的预测值和公式求解值有的非常接近，有的相差甚大。可见，用上述模型和公式来预测与求算钻井液的滤失量、泥饼厚度、渗透率等参数存在一定的不确定性和误差，实际意义并不大，如果再考虑钻井液中细颗粒（如胶体粒子）、泥饼和聚合物与黏土作用形成的网架结构的可压缩性，情况会变得更复杂，操作起来更困难。

1990 年，郭东荣等人在钻井液动滤失的实验研究中，为了计算泥饼渗透率 K 和影响滤失的综合泥饼因素 K/l（l 为泥饼厚度），依据的是达西渗滤公式 $\frac{dV}{dt}=\frac{KA\Delta p}{\mu l}$，该公式实际上就是现行的滤失量计算公式。

1992 年，雷宗明在研究泥饼压缩性方程中，在考虑泥饼具有压缩性的情况下建立起钻井液的滤失模型（公式）。假设：（1）达西定律适合于流体在可压缩孔隙介质中的流动情况；（2）固相颗粒在所考虑的压力范围内不可压缩，即钻井液中固相颗粒被视为刚体，其压缩性主要表现为所形成泥饼的致密程度；（3）渗滤压力等于液相压力与固相压力之和，这里液相压力是指滤液通过泥饼的压力降，固相压力是指作用在泥饼固相颗粒间的压力，它使得泥饼被压缩。推导过程如下：

由于泥饼的厚度与井眼直径相比很小，因此泥饼的渗滤失水可以认为是线性的。取 X 轴垂直于井壁，原点在地层（图 2.12）。根据达西定律有：

$$q=-\frac{K}{\mu}\frac{\partial p}{\partial X} \tag{2.98}$$

式中，q 为单位时间的渗流量；K 为渗透率；μ 为流体的黏度；p 为液相压力。

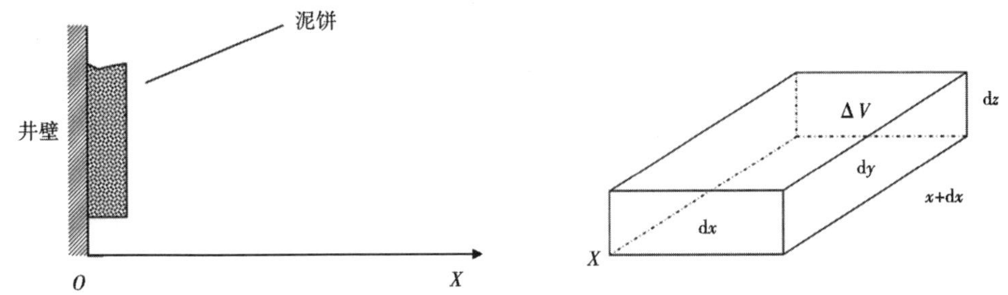

图 2.12　泥饼与井壁（地层）的关系

经推导得到泥饼的压缩性方程为：

$$\frac{1}{\mu}\frac{\partial}{\partial x}\left(K\frac{\partial p}{\partial x}\right)=C_p\frac{\partial p}{\partial t} \tag{2.99}$$

式中，t 为时间；C_p 为泥饼的压缩性。泥饼渗透率 K 和泥饼压缩性 C_p 均是压力的函数。该方程是一个非线性的扩散方程。在适当的情况下可以线性化，得到解析解。但是计算复杂，也不一定适用，并且最重要的一个问题是如何确定渗透率和压缩性这两个参数，如果这两个参数不知道，式（2.99）就无法求解。

由于泥饼的厚度与井眼直径相比很小，因此，在实际应用时泥饼的渗滤失水可以认为是线性的。唯有将泥饼认为是不可压缩的，即泥饼压缩性 $C_p=0$，也就是说，流经横截 x 和

$x+dx$ 的流量相同，或者$\frac{\partial q}{\partial x}=0$，才能将钻井液滤失行为（模型）用便捷、快速的数学公式统一起来，为此，将上式和达西定律结合，便得到累计滤失量公式为：

$$Q=\int_0^t q\mathrm{d}t=\sqrt{\frac{2pKt}{b\mu}} \tag{2.100}$$

式中，b 为泥饼的比容，即单位体积内泥饼的厚度。

仔细分析该累计滤失量公式（2.100），实际上也就是现行的静滤失方程。

进一步分析，无论如何，高密度水基钻井液中仍然存在细微颗粒，无论经液流拖拽作用，还是因重力或压差作用或扩散作用等，最终都沉淀在泥饼骨架内，同时伴随有聚合物与固相颗粒之间形成的网架结构体附着在泥饼上，所有这些都参与泥饼的形成，使得泥饼具有可压缩性。由此可见，要很好地解释泥饼的渗滤失水过程（滤失行为），应该考虑泥饼的压缩性，具有非达西渗流特点的初始水行为以及动态过程泥饼的形成等。但是，高密度水基钻井液中存有大量的刚性材料（如加重剂），泥饼的可压缩性必然减弱，具有非达西渗流特点的初始水（瞬时滤失）量在累计滤失量中所占的比例很小，因此，基于简捷、快速、有实际应用意义等情况，最终高密度水基钻井液的滤失方程（公式）仍然用经典的达西渗滤方程（公式）来描述其静态情况下的滤失行为，推导过程如下：

钻井液的静滤失是一个渗滤过程，因此，遵循达西渗流定律。为了研究方便，在此假设：地层渗透率和泥饼渗透率均为常数，且前者远大于后者；泥饼是平面形的，其厚度与钻井直径相比很小；泥饼的厚度为定值，且不可压缩。根据达西定律，则有：

$$\frac{\mathrm{d}V_{\mathrm{f}}}{\mathrm{d}t}=\frac{KA\Delta p}{\mu H} \tag{2.101}$$

式中，$\frac{\mathrm{d}V_{\mathrm{f}}}{\mathrm{d}t}$为滤失速率，$cm^3/s$；$K$ 为泥饼的渗透率，D；A 为渗滤面积，cm^2；Δp 为渗滤压力，10^5Pa；H 为泥饼厚度，cm；μ 为滤液黏度，0.1mPa · s；V_{f} 为滤液体积，即滤失量，cm^3；t 为滤时间，s。

在渗滤期间，设在任何时间 t，体积为 V_{m} 的钻井液中被过滤固体的体积等于沉积在泥饼上固体的体积，即：

$$C_{\mathrm{m}}V_{\mathrm{m}}=C_{\mathrm{c}}HA$$

或

$$C_{\mathrm{m}}(HA+V_{\mathrm{f}})=C_{\mathrm{c}}HA \tag{2.102}$$

式中，C_{c} 为泥饼中固体颗粒的体积分数；C_{m} 为钻井液中固体颗粒的体积分数。

C_{m} 与 C_{c} 的关系为：

$$C_{\mathrm{m}}=\frac{C_{\mathrm{c}}HA}{HA+V_{\mathrm{f}}}$$

于是可得：

$$H = \frac{V_f}{A(C_c/C_m - 1)} \tag{2.103}$$

将式（2.103）代入式（2.101）中，得：

$$\frac{dV_f}{dt} = \frac{KA^2(C_c/C_m - 1)\Delta p}{V_f\mu} \tag{2.104}$$

整理后有：

$$V_f dV_f = \frac{KA^2(C_c/C_m - 1)\Delta p}{\mu}dt$$

积分后得：

$$\frac{V_f^2}{2} = \frac{KA^2(C_c/C_m - 1)\Delta p}{\mu}$$

即：

$$V_f = A\sqrt{\frac{2K(C_c/C_m - 1)\Delta pt}{\mu}} \tag{2.105}$$

由式（2.105）看出，单位渗滤面积的滤失量（V_f/A）与泥饼的渗透率 K、固相含量因素（C_c/C_m-1）、滤失压差 Δp、渗滤时间 t 等因素的平方根成正比，与滤液黏度（μ）的平方根成反比。虽然式（2.105）是静态状况下的滤失量关系式，反映的是静态状况下的钻井液滤失行为，但它能比较有效地反映影响滤失的大部分因素，其数学推导过程确切，便于建立统一的衡量标准。关于动态状况下的钻井液滤失行为，主要是在静态状况的基础上考虑钻井液循环和钻具回转引起的对泥饼的液动冲刷，特别注意流速场分布在泥饼界面处流速的大小和流态以及钻井液在泥饼界面上相对滑动的润滑性和黏滞阻力等对泥饼的影响，由于模拟环境与各种井内复杂的动态情况存在差异，因此建立统一的解析模型相当困难。不过，影响静态状况下的钻井液滤失行为（尤其是静滤失、泥饼厚度）的因素对动态状况下的钻井液滤失行为同样起作用。

综上所述，结合钻井液滤失全过程可以看出，在实际井下，在钻头破碎岩石那一瞬间钻井液自由水向岩石孔隙中渗透，此时的泥饼尚未形成，即为瞬时滤失，瞬时滤失量（初始水量）小；紧接着瞬时滤失，在井内钻井液循环的情况下滤失继续进行并开始形成泥饼，随着滤失过程的进行，泥饼不断增厚，直至泥饼的增厚速度与泥饼被冲刷的速度相等，即达到动平衡。此后钻井液在循环下继续滤失但泥饼不再增厚。这段时间的滤失量称为动滤失量，其特点是压力差较大，它等于静液柱压力加上环空压力降与地层压力之差，泥饼厚度维持在较薄的水平，单位时间的滤失量开始较大，其后逐渐减小，直至稳定在某一值；在起下钻或因其他因素停止钻进时，钻井液停止循环，液流的冲刷作用消失，此时压力差为静液柱压力与地层压力之差。随着滤失的进行，泥饼逐渐增厚，单位时间的滤失量逐渐减小。这段时间的滤失量称为静滤失量，在这一阶段，因压力差较小，泥饼较厚，故大多数情况下单位时间内的静滤失量比动滤失量小。起下钻结束后，又继续钻进，钻井液重新循环，于是滤失过程由静滤失转为动滤失。但此时的动滤失是在经历一段静滤失后的动滤失，开始时泥饼被冲蚀掉一部分，随着滤失的进行直至稳定（泥饼再变薄或增厚）。故这一阶段的动滤失比前一次动滤失要小。此后停钻又开始静滤失，这是新水平上的静滤失。这样交替进行动滤失和静滤失，便是井内发生滤失行为的全过程。高密度水基钻井液滤失行为同样遵循达西渗滤行为。

通过对井内钻井液发生滤失的全过程进行分析，可以看出：瞬时滤失时间很短，但滤失速率最大；动滤失时间最长，滤失速率中等；静滤失时间较长，滤失速率最小。滤失速率是指单位时间内滤失液体的体积。

2.1.3 高密度水基钻井液滤失行为定量表征

目前，一般水基钻井液的滤失行为主要用滤失量和泥饼厚度两大性能来表征，同样适用于高密度水基钻井液滤失行为的定量表征。井内钻井液的滤失作用是在不同温度和不同压力差下向岩层渗透，温度和压力差对钻井液滤失量有很大影响，因此，可分低温低压滤失量（或称为 API 滤失量）和高温高压滤失量（HTHP 滤失量）。

关于滤失过程中的滤失量评价，国内外通常采用 API 标准来定量测定滤失量，即在规定的压力差下以通过一定的渗滤断面（通常用滤纸作为渗滤介质）30min 内的滤失量来衡量，单位为 mL/30min。例如，API 中压滤失量：渗滤面积为 45.8cm^2，渗滤压差为 6.89atm[1]，测试温度为室温，测试 30min 时的滤失量（采用的仪器为 API 中压滤失仪，见图 2.13）。HTHP 滤失量：渗滤面积为 22.9cm^2，渗滤压差为 3.50MPa，测试温度为高温（150℃），测试时间 30min 时的滤失量（HTHP 总的滤失量为此值的 2 倍）（采用的仪器为 HTHP 滤失仪，见图 2.14）。

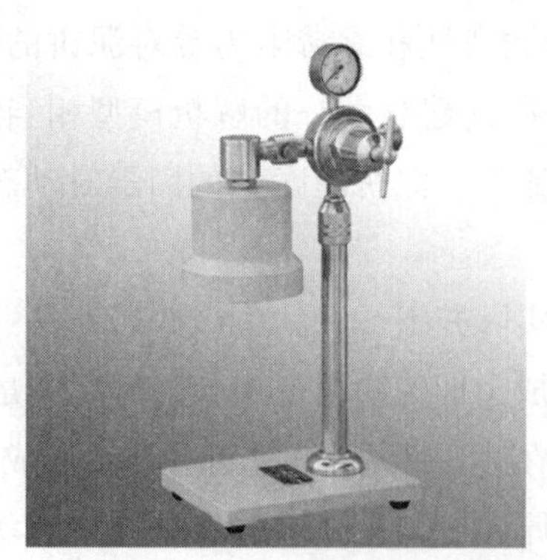
图 2.13 API 中压滤失仪

图 2.14 HTHP 滤失仪

[1] 1atm = 101325Pa。

2.2 高密度水基钻井液泥饼形成过程（机制）分析

2.2.1 高密度水基钻井液泥饼形成过程分析

钻井液体系中的自由水在压差作用下向具有渗透性（孔隙、微裂缝）的地层渗滤的同时，固相颗粒附着在近井壁周围的一层泥饼，称为泥饼，此泥饼反过来又将阻止滤失的继续进行。泥饼的形成离不开固相颗粒，因此，泥饼的形成过程实际上就是固相颗粒被地层孔隙捕捉而沉积、堵塞的结果，依靠的是惯性效应、拦截效应、扩散效应、筛效应、重力沉积及静电效应等机械物理效应（图 2.6）来实现。为了清楚描述泥饼形成过程，有必要借助滤失全过程。高密度水基钻井液泥饼形成的过程为：在井内钻井液循环过程中，从钻头破碎井底岩石形成井眼的瞬间开始，在压差和地层毛细管压力作用下，钻井液中的水便向地层孔隙渗透，小于介质（井壁岩石层）孔道直径的微细颗粒（如溶胶粒子）借助筛效应，伴随着渗透的液体直接穿过介质进入地层使滤液浑浊，此时泥饼尚未形成。接着，在钻井液循环的情况下，钻井液中的大粒径固相颗粒借助惯性效应、拦截效应、扩散效应、重力沉积及静电效应等经由介质时相互“架桥”使形状、大小及弯曲程度不一的流道变狭窄（缝变为孔，原来的孔变小），紧接着使中大粒径的固相颗粒和小颗粒被拦截并逐级填充、封堵，滤液逐渐清澈，泥饼开始形成，随后逐渐增厚，直至平衡（厚度保持不变），而单位时间内的滤失量也由开始的较大逐渐减小以至恒定，这一段属于动态泥饼形成过程。当钻进若干时间以后起钻，停止循环钻井液，这时由于不存在钻井液液流冲刷泥饼的力量，随着滤失过程的进行泥饼逐渐增厚，滤失量也逐渐减小，这是静态泥饼的形成过程。静滤失的滤失量比动失水小，泥饼则比动滤失者厚。起下钻结束后，又继续钻进、循环钻井液，于是从静态又转为动态，而这次的动滤失与上次的区别在于它是经过一段静滤失、产生了静滤失所形成的泥饼之后的动滤失，其数值要比上次小……这样周而复始，单位时间里的失水量在逐渐减小，泥饼大体保持一定厚度（增长很慢了），累计滤失量也达到一定数值。可见，井内钻井液泥饼形成的全过程伴随着滤失的发生，见图 2.15 和图 2.16。从钻井液性能角度上讲，泥饼与滤失共存一体构筑了钻井液滤失造壁性，没有固相颗粒参与泥饼形成将导致全滤失（即所有的自由水直接穿过介质），这在钻井工程、井壁稳定、油气层保护中是绝对不允许的，庆幸的是，高密度水基钻井液中始终都会有固相颗粒，在井下参与泥饼的形成，制约着滤失的发生，泥饼质量的好坏直接影响滤失量，若参与泥饼形成的固相颗粒粒径大小、浓度、级配合理，形成的泥饼薄、致密、渗透率低，最好做到泥饼渗透率为 0，就可阻止钻井液滤失的继续发生，其结果是最理想的。可见，在井内钻井液泥饼形成过程中伴随着滤失的发生，泥饼与滤失之间既是共存体，又是对立体，在任何井下作业中，泥饼质量越高，滤失量越低（除瞬时滤失量外，随后的滤失量越低）越好。

泥饼形成过程始终是一个架桥并逐级填充的过程（图 2.15、图 2.16），最需要的有 3 种粒子：（1）与孔隙大小匹配相当的架桥粒子；（2）随后减小孔隙大小的逐级填充粒子；

（3）最后一级也是最关键的最小填充粒子，即 1~10μm 固相颗粒，它决定泥饼的最终渗透率和致密程度。泥饼形成的整个过程就是大颗粒先架桥，中大颗粒、中颗粒和小颗粒随之逐级填充、镶嵌，最后相互间拖拽连续平铺，如图 2.17 所示。

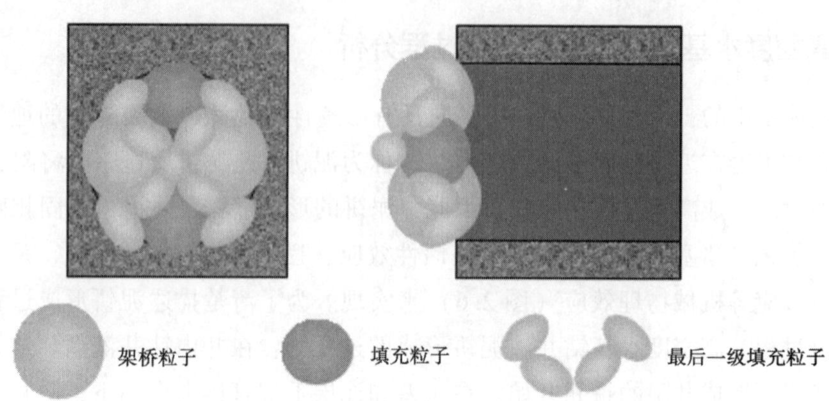

图 2.15　泥饼形成过程中的架桥与填充

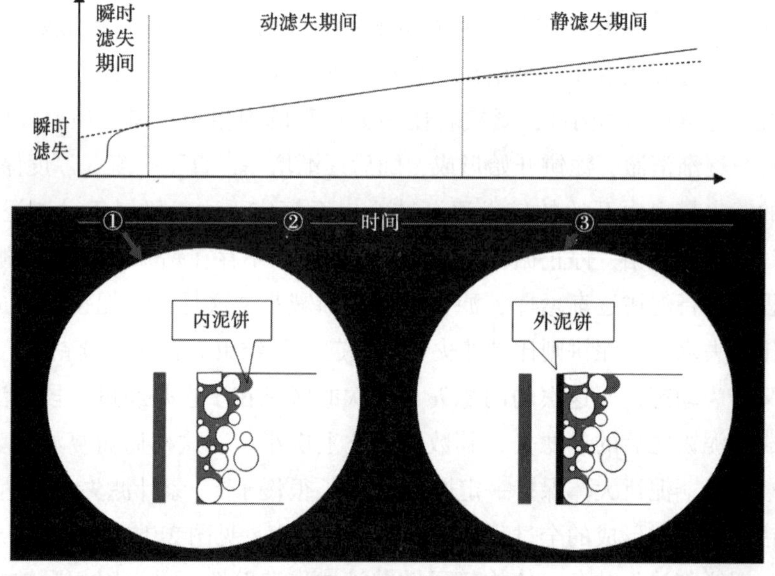

图 2.16　泥饼形成示意图

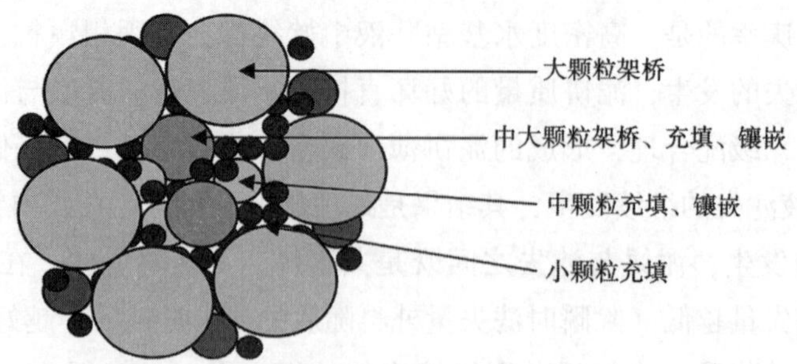

图 2.17　固相颗粒形成泥饼时的架桥、充填、镶嵌、拖拽连续平铺示意图

2.2.2 高密度水基钻井液泥饼形成机制分析

当固相颗粒以悬浮状态随滤液进入地层孔隙时，由于地层孔隙结构的不均匀性，孔隙通道的形状、大小及弯曲程度的随机变化，迫使进入地层孔隙的滤液不停地改变流动速度和方向。与此同时，由滤液携带进入地层孔隙的固相颗粒由于重力、惯性力以及液体分子的布朗运动等作用，将使颗粒不断地碰撞地层孔隙的孔壁。在此过程中，孔壁和泥饼对颗粒的阻力以及颗粒间的相互碰撞，使随滤液运动的颗粒本身的动量不断损失，直至颗粒被孔壁捕捉而粘贴在孔壁上或在孔隙通道中沉降下来形成泥饼，泥饼质量的好坏关键在于钻井液中固相颗粒自身特质（种类、粒径大小、浓度、级配等）与被捕捉而堵塞地层孔隙的构筑方式，作用结果即形成泥饼，固相颗粒被地层孔隙捕捉而形成泥饼的机制，大致可描述为以下几种：

（1）滤除。岩石是由性质不同、形状各异、大小不等的颗粒经地质成岩作用胶结而成，颗粒之间未被胶结物质充填的地方便形成了孔隙。在没有外力作用的情况下，悬浮在滤液中的颗粒将沿滤液流线流入具有渗透性的地层孔隙中。在稳流状态下，滤液在流过弯曲孔隙通道时将不断地改变流动方向。在此过程中，若悬浮在滤液中的颗粒中心与构成岩石的颗粒中心的距离在某点外小于（$d+d_m$）/2（式中，d 为悬浮颗粒的直径；d_m 为岩石颗粒直径）时，悬浮颗粒就会与孔隙壁相碰而发生滤除效应［图 2.18（a）］。这种情况多发生在孔隙喉道部位，由此造成固相颗粒常常在孔隙喉道处发生桥堵。当某些颗粒直径大于孔隙喉道直径时首先被截留下来后，将使孔喉的有效尺寸显著减小，从而造成后继颗粒随之被截留下来。发生这种滤除的概率与颗粒及孔隙尺寸的相对大小有关，是孔隙壁捕捉颗粒的重要机制之一。

（2）惯性作用。质量是物体惯性大小的量度。质量越大，物体的惯性就越强。当液流在地层孔隙通道中遇阻转向流动时，悬浮颗粒在惯性作用下将保持原有的运动状态，而势必偏离流线方向，从而造成与孔隙壁碰撞的可能，进而产生附着作用而被捕获在孔隙通道中［图 2.18（b）］。惯性作用的大小可用斯托克斯数来衡量，斯托克斯数值越大，颗粒的惯性作用就越强。斯托克斯数 S_t 可用经典斯托克斯方程 $\left[S_t = \dfrac{D^2 v(\rho_s - \rho_f)}{18\mu_f dm}\right]$ 求得。

（3）扩散作用。随滤液进入地层孔隙的颗粒中常有相当多尺寸在 2μm 以下的微小颗粒。由于地温作用使滤液的温度升高时，滤液分子的热运动将会加剧。液体分子的碰撞能传递到颗粒，将使微小颗粒做布朗运动，从而增加了这些微小颗粒与孔隙壁碰撞的概率，使之易于被孔隙壁捕捉［图 2.18（c）］。扩散作用的大小可用扩散系数 $D = \dfrac{K'' T}{3\pi\mu_f d_p}$ 来衡量。

（4）沉淀作用。悬浮在滤液中的固相颗粒在重力作用下，总有脱离滤液线而沉降的趋势。因此，悬浮颗粒在侵入地层后都可能相继沉淀在地层孔隙中，造成地层孔隙通道堵塞［图 2.18（d）］。用微模型可见技术研究固相颗粒在孔隙介质中运动规律的实验表明，当颗粒尺寸为平均孔隙尺寸的 1/4 以上时，孔隙通道的堵塞总是首先由一个或几个颗粒在孔隙通道上沉淀下来，直接造成孔隙直径缩小，使后继颗粒不易通过，与孔壁碰撞几次后，也将沉淀下来，由此孔隙喉道才逐渐被堵塞起来。

（5）水力效应。当滤液以层流状态在孔隙通道中流动时，孔隙壁处的速度为零，孔隙通道截面上存在着速度梯度，则悬浮在滤液中的颗粒必受剪切应力的作用，颗粒在剪切应力的作用下必将横过流体的流线向孔隙壁运动而被捕获，从而造成地层孔隙堵塞［图 2.18（e）］。

颗粒在岩石孔隙通道中造成堵塞，一般是由以上几种因素共同作用所致。当一个尺寸的颗粒在孔隙喉道中先被拦截下来，使孔喉面积显著减小，其后由水力过滤作用使小尺寸的颗粒堵塞剩余的孔隙空间；若颗粒首先由水力过滤作用被孔隙壁捕获，其后将在拦截作用下堵塞剩余的孔隙通道，这样就形成了人们常说的“桥架堵塞”。

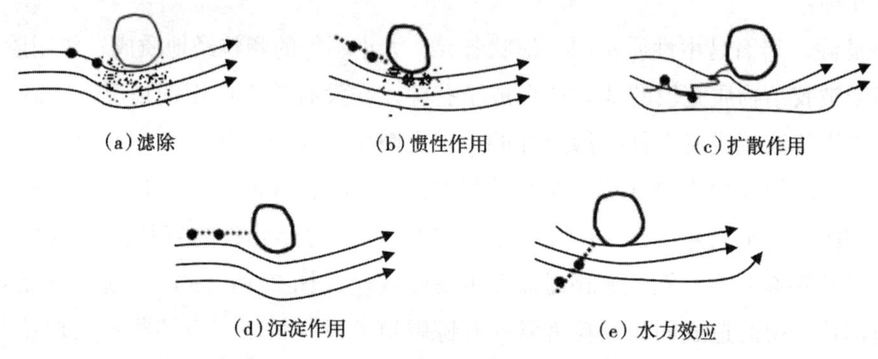

图 2.18　孔隙壁捕捉固相颗粒的机制示意图

进一步分析，从本质上讲，固相颗粒在井筒中被地层孔隙捕捉而形成泥饼的机制就是截留作用的结果，前人通过电镜观察用钻井液浸泡的岩心认为，井壁的截留作用大体可分为以下 4 种（图 2.19）：

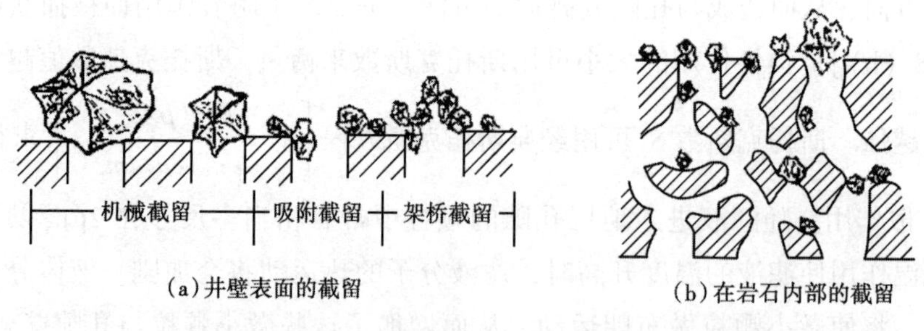

图 2.19　钻井液固相颗粒在井壁上截留的机理示意图

（1）机械截留作用，是指井壁具有截留比其孔径大或与其孔径相当的微粒等杂质的作用，即筛分作用。

（2）物理作用或吸附截留作用。如果过分强调筛分作用，就会得出不符合实际的结论。Pusch 等人提出，除了要考虑孔径因素之外，还要考虑其他因素的影响，如吸附和电性能的影响。

（3）架桥截留作用。通过电镜观察到，在孔隙的入口处，微粒因为架桥作用同样可被截留。

（4）在岩石内部的截留作用。这种截留是将微粒截留在井壁的内部，而不是在岩石的表面。

这些截留作用的结果便是形成内外泥饼，根据1/2~2/3桥塞理论和一般砂岩孔喉大小，形成内泥饼的粒径范围为1~100μm，最后一级的最小填充粒子为1~10μm固相颗粒（称为微粒子），最后一级填充粒子是大多数水基钻井液所缺乏的，但它又是必需的，因为它是决定泥饼最终渗透率和致密程度的关键填充粒子。

2.2.3 影响高密度水基钻井液泥饼形成的因素分析

泥饼形成的最终结果表现在泥饼质量和滤失量上，因此，影响高密度水基钻井液泥饼形成的因素归结于影响泥饼质量和滤失的因素。概括地讲，影响高密度水基钻井液泥饼形成的因素主要包括渗滤时间、压差、滤液黏度与温度、固相数量与类型、岩层的渗透性、泥饼的压实性与渗透性、絮凝与聚结等。

2.2.3.1 渗滤时间的影响

一般情况下，在测量API滤失量时，用7.5min的滤失量乘以2作为30min的滤失量，实际上对于某些钻井液这个值明显大于30min的滤失量，对于滤失量较小的钻井液，这个值乘以2后会产生较大的误差，因此，无论何种钻井液，都应测定30min的滤失量作为API标准规定的累计滤失量。从静滤失方程看来，渗滤时间似乎对泥饼质量特性没有多大影响，实际上它对泥饼质量特性是有影响的，如果在静止情况下，没有循环和钻井液冲刷（剪切作用），渗滤时间越长，钻井液中的固相粒子沉积越多，泥饼变得越厚，泥饼质量特性将受到不良影响；如果在动态情况下，伴随着循环和钻井液冲刷（剪切作用），只要当钻井液中的固相粒子沉积达到动态平衡，泥饼厚度几乎处于动态平衡，为恒定值的厚度，随着渗滤时间的延长，泥饼厚度即使有变化，变化也甚微，只是离井壁远处的最上层泥饼因循环和钻井液冲刷（剪切作用）而使沉积粒子的大小、级配不断更新、重新组合，但泥饼厚度几乎为原来的恒定值，此时，因压差持续作用，泥饼将会变得更严实、致密，泥饼质量变好。但在井下实际情况下，渗滤时间延长，滤失量将增加，井壁浸泡时间延长，井壁稳定、油气层保护将受到威胁。因此，渗滤时间延长，要消除这些威胁，形成的泥饼质量优良是关键，要求泥饼薄、韧性好、致密（渗透率低，渗透率为零最好，但很难做到）、可压缩性好、润滑性好、强度高（最终强度高），这与其他因素的影响有关。

2.2.3.2 压差的影响

由静滤失方程可知，滤失量 V_f 与 $\sqrt{\Delta p}$ 成正比，压差越大，钻井液滤失量越大，但实际钻井液滤失量不一定与压差成平方根关系。由于钻井液组成不同，因此滤失时所形成泥饼的压缩性也不相同。随着压差增大，渗透率减小的程度也有差异，因而滤失量与压差的关系也不同。通常可表示为 $V_f \propto \Delta p^x$，指数 x 因钻井液不同而不同，但总是小于0.5。对于不同的造浆黏土、不同的处理剂，滤失量随压差的变化规律也不同（图2.20、图2.21）。

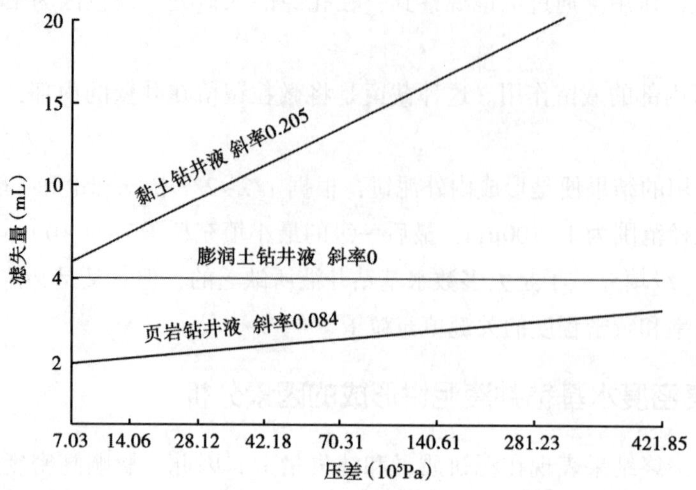

图 2.20　压差对钻井液（不同配浆土）滤失量的影响

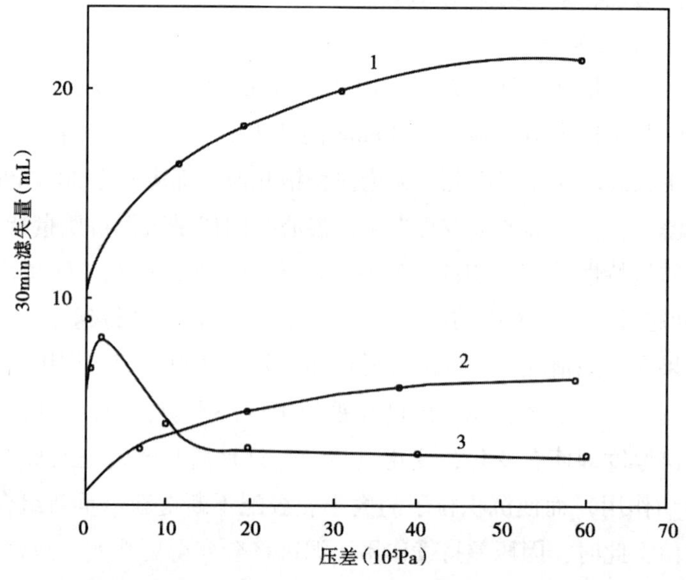

图 2.21　压差对钻井液（不同处理剂）滤失量的影响

1—原浆；2—以煤碱液处理；3—以亚硫酸酒精废液处理

在低压差时，不同钻井液所测得的滤失量虽然相近，但在高压差下可能有较大的差别。在深井和对滤失量要求严格的井段钻进前，最好进行高压差滤失实验，这对正确选择配浆黏土和处理剂方案是有意义的。再则，结合泥饼厚度 H 表达式 $\left[H=\dfrac{V_{\mathrm{f}}}{A(\dfrac{C_{\mathrm{c}}}{C_{\mathrm{m}}}-1)}\right]$ 可以看出，随着压差 Δp 增加，滤失量 V_{f} 增大，在其他条件不变的情况下，泥饼厚度 H 相应增厚，那么泥饼质量其他特性就相应变差，实际上不完全如此，由于 $V_{\mathrm{f}}\propto\Delta p^{x}$，因此指数 x 在很大程度上取决于组成泥饼颗粒的尺寸与形状。一般接近惰性颗粒所组成的悬浮液，形成的过滤层（泥饼）接近于不可压缩，此时 $V_f \propto \sqrt{\Delta p}$ 成立；优质膨润土配制的钻井液，当加有较多有机高分子处理剂时形成的泥饼，其可压缩性很大，泥饼的渗透性随压差的增加而降低，此时压差对滤失量影响很小或无影响，即指数 x 接近于零，滤失量相对于 Δp 基本上是一个常数。普通钻井液介于两者之间，指数 x 为 0~0.2。换句话说，压差 Δp 增加，在其他条件不变的情况下，泥饼厚度 H 不一定增厚，泥饼质量其他特性也不一定变差，这与泥饼的可压缩性程度有关，关键取决于配浆土质量（尤其是胶体粒子浓度）、封堵粒子的形状（刚性或变形）、处理剂的类型和加量，在高密度水基钻井液体系中，当这些因素的影响处于正面并为绩优状态时，随着压差 Δp 增加，泥饼反而可被压实，形成的泥饼质量有变好的可能性，而且这种可能性极大。

油基钻井液滤液（一般为柴油）的黏度随压力的增加而增加。因此，根据滤失方程可知随黏度增加滤失量减小。

2.2.3.3 滤液黏度、温度的影响

由静滤失方程可知，钻井液的滤失量与滤液黏度的平方根成反比。滤液黏度越小，钻井液的滤失量越大。滤液的黏度与有机处理剂的加入量有关，有机处理剂如 CMC、HPAM 等加入量越大，滤液的黏度越大，从而可以通过提高滤液黏度达到降低滤失量的目的。

温度升高可以几种方式导致滤失量增加。首先，温度升高能降低滤液的黏度，温度越高，滤液的黏度越小，滤失量便越大，这是大家所公认的。

当钻井液温度从 20℃ 升至 80℃ 时，若其他因素不变，因温度升高，滤液黏度减小而使钻井液滤失量增大 1.68 倍，这已被《泥浆工艺原理》一书所证实。

此外，温度对钻井液滤失量的影响，还可通过改变钻井液中黏土颗粒的分散程度、水化程度、黏土颗粒对处理剂的吸附以及改变处理剂特性等方面起作用。随着温度上升，水分子热运动加剧，黏土颗粒对水分子和处理剂分子的吸附减弱，解吸附的趋势加强，使黏土颗粒聚结和去水化，从而影响泥饼的渗透性，导致滤失量上升。例如，Byck 发现在他试验的 6 种钻井液中，有 3 种钻井液在 70℃ 时的滤失量比在 21℃ 时按静滤失方程预测的滤失量大 8%~58%。这表明泥饼的渗透率也相应发生了变化，其渗透率从 2.2×10^{-6}D 增加到 4.5×10^{-6}D，渗透率增加了 100% 以上。其他 3 种钻井液的滤失量与预测值只差±5%，它们的泥饼渗透率基本维持不变。而且其他学者进一步实验也证实，无论采用何种数学处理方法都不能用常温下的滤失量来预测较高温度下的滤失量。随着井深增加和地热资源的开发，井内温度和液柱压力不断增大，人们愈加感到低温低压下的滤失特性不能说明井下高温高压下的滤失特性。为此，有必要进行高温高压下滤失特性的研究。

高温还会引起钻井液中黏土颗粒的去水化和处理剂的脱附，使液相黏度降低以及处理剂本身特性改变，从而导致滤失量增大。在高温作用下，钻井液中的某些处理剂会发生不同程度的降解，并且会随着温度升高降解程度加剧，最后失去维持滤失性能的作用。

从理论上分析似乎看不出滤液黏度对泥饼形成的质量有何影响，如果做到泥饼质量特别好，尤其是渗透率为零的话，那么滤液黏度即使低到水的黏度，也不会有滤液滤失，此

时没有压差的作用了，即不存在压力传递作用，这是最理想的情况。再从泥饼厚度 H 表达式$\left[H=\dfrac{V_f}{A(\dfrac{C_c}{C_m}-1)}\right]$可以看出，在其他条件不变的情况下，随着温度升高，滤液黏度降低，滤失量 V_f 增大，泥饼厚度 H 应该增厚，泥饼质量其他特性就相应变差，但实际上并非如此，因为钻井液中始终都会有有机处理剂和胶体粒子的存在，钻井液的液相黏度（滤液黏度）是其流变性的必然组成之一，而有机处理剂本身特性及其与黏土颗粒之间的相互作用（如通过吸附引起的各种作用——包被、形成与拆散网状结构、絮凝与聚结等）和黏土本身等都将受到温度的影响，必然引起固相（尤其是黏土）分散度、大小、级配以及滤液黏度等发生变化，最终影响泥饼形成的质量，所以这里议及的滤液黏度、温度对形成的泥饼质量影响统统归结于温度的影响，主要表现在：高温对钻井液中黏土的作用及对钻井液性能的影响和高温对处理剂及其作用效能的影响。

2.2.3.4 固相数量、类型的影响

由达西渗滤公式推导出的静滤失方程得到的泥饼厚度 H 表达式$\left[H=\dfrac{V_f}{A(\dfrac{C_c}{C_m}-1)}\right]$可以看出，在 API 标准条件下，渗滤面积 A 为定值，泥饼厚度 H 与滤失量 V_f、固体含量因素 C_c/C_m 有关，实质表现为固相数量、类型对泥饼厚度 H 的影响。固体含量因素 C_c/C_m 增大，表明钻井液中固相含量减少（C_m 值小），参与形成泥饼的固相体积分数相应增大（C_c 值大），泥饼的水分少（C_c 值大），泥饼厚度 H 减薄。可见，固体含量因素 C_c/C_m 越大，固相含量越少，泥饼厚度 H 越薄，此时泥饼厚度虽然变薄了，但参与形成泥饼的固相构成的泥饼质量不一定好。因此，降低固相含量使泥饼厚度变薄是不可取的；再则，从静滤失方程得知 $V_f\infty(\dfrac{C_c}{C_m}-1)^{0.5}$，固体含量因素 C_c/C_m 增大，表明钻井液中固相含量减少（C_m 值小），参与形成泥饼的固相体积分数增大（C_c 值大），泥饼的水分少（C_c 值大），钻井液滤失量 V_f 反而增大，这是绝对不可取的。反过来讲，高密度水基钻井液的固相含量高（C_m 值大），固体含量因素（C_c/C_m 值小），网络在泥饼中的水分增多（C_c 值小），钻井液滤失量 V_f 减小，然而钻井液固相含量增加，流变性变差，机械钻速显著降低，泥饼厚度必然增厚，因而，通过增大 C_m 值（固相含量）牺牲泥饼厚度来降低滤失量是不明智的。可见，兼顾滤失量和泥饼质量，钻井液中的固相含量（尤其是黏土胶体粒子含量）不可随意低，也不可随意高。对于高密度水基钻井液来说，加重是必然的，密度越高，加重材料越多，加重材料对形成泥饼虽有一定贡献，但要形成质量好的泥饼，还要依靠黏土和其他微小填充粒子材料，具体操作时对应的密度应该选择对应的黏土含量（特指黏土容量限），可以通过选择优质土配浆，并提高钻井液中黏土颗粒的水化程度，使 C_c 值减小，合理组配固相大小、级配，改善泥饼质量（如厚度、渗透性等），降低滤失量。

2.2.3.5 岩层渗透性的影响

岩层的孔隙和裂缝是钻井液滤失的天然通道。岩层有一定的孔隙性，钻井液在压差作

用下才能产生滤失，形成泥饼。岩层的孔隙性和渗透性，在瞬时滤失阶段和泥饼开始形成时，对滤失起重要作用。在形成第二过滤介质——泥饼之后，岩层的孔隙性和渗透性对钻井液的滤失便不起主要作用，这是由于泥饼的渗透性一般远远小于岩层的渗透性。

在滤失过程中，钻井液中的固体颗粒在井壁岩层中的堆积一般形成 3 个过滤层（图 2.22），即瞬时滤失渗入层（Zone Invaded by the Mud Spurt），瞬时滤失时细颗粒渗入深度可达 25~30mm；架桥层（Bridging Zone），较粗的颗粒在岩层孔隙内部架桥而减小岩层的孔隙度，或称为内泥饼（Internal Filter Cake）；井壁表面形成具有一定渗透性的外泥饼（External Filter Cake）。

试验结果表明，当与所钻岩层孔隙相适宜的架桥粒子（Bridging Particles）的量不够时，API 滤失实验可能会给出错误的结果，即滤纸上做出的滤失实验结果可能与井下渗透性地层差异较大。

这一事实说明，在钻进过程中钻井液在井壁形成泥饼的充分必要条件是岩层必须是可渗透的和压差作用。泥饼的厚度与岩层渗透性有密切关系，这取决于钻井液中固相颗粒浓度、形状、分散度、大小、级配以及滤液黏度的大小，其中最为关键的是与岩层裂缝、孔隙匹配的架桥、填充粒子，它是形成优质泥饼的核心。

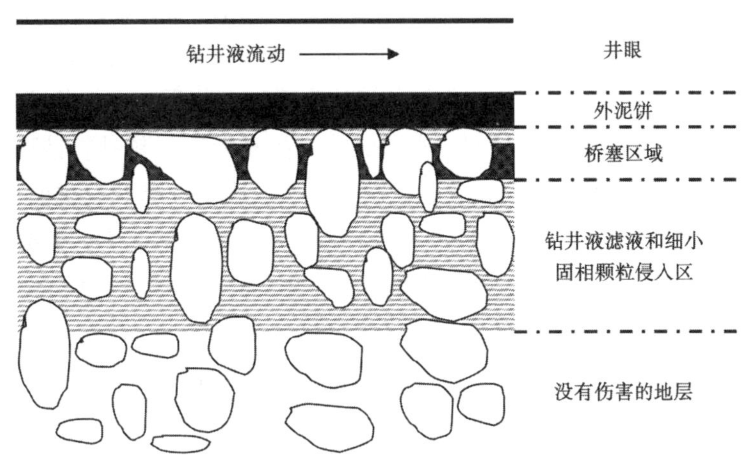

图 2.22　钻井液固相对可渗透性地层的侵入示意图

2.2.3.6　泥饼的压实性和渗透性的影响

滤失量测定的结果，往往是泥饼厚滤失量大，泥饼薄滤失量小，这主要是由于厚泥饼的渗透性大、薄泥饼的渗透性小的缘故。因此，决定因素是泥饼的渗透性。泥饼的渗透性取决于泥饼中固相的种类，固相颗粒的大小、形状和级配，处理剂的种类和含量以及过滤压差等。

渗滤压差影响泥饼的压实性，高压差有利于泥饼的压实。有的资料指出，泥饼的压缩系数一般为 0.80~0.87，而高密度水基钻井液泥饼的压缩系数只有 0.32~0.69。

实验结果表明，一般聚结性钻井液的泥饼渗透率为 10^{-5}D 级；未处理的淡水钻井液的泥饼渗透率为 10^{-6}D 级；用分散性处理剂处理的钻井液泥饼的渗透率为 10^{-7}D 级。一般情况下，泥饼的渗透率均至少比地层渗透率小一个数量级。

研究表明，泥饼的孔隙度受泥饼中固相颗粒的影响。颗粒尺寸均匀变化时得到最小孔隙度，因为较小的颗粒可以致密地充填在较大颗粒的孔隙之间。较大范围颗粒尺寸分布的混合物，其孔隙度比小范围颗粒尺寸分布的混合物要小，小颗粒多要比大颗粒多形成的泥饼孔隙小，处理剂的种类和加量决定着颗粒是分散还是絮凝，以及颗粒四周可压缩性水化膜的厚度，从而影响泥饼的渗透率，也就影响泥饼质量其他特性。

泥饼渗透率还受到胶体种类、数量及颗粒尺寸的影响。例如，在淡水里膨润土悬浮液的泥饼具有极低的渗透率，由于黏土具有扁平小片、薄膜状特点，使这些小片能在流动的垂直方向将孔隙封死。

在钻井液中加入沥青，只有当沥青呈胶体状态时，才具有控制滤失的效果。如果混入的芳烃含量太高［苯胺点大约低于 90 ℉（32℃）］就没有控制滤失的能力，因为此时沥青已变成了真溶液。对于油基钻井液，通过使用乳化剂来形成油包水乳化液，体系中细小且稳定的水滴就像可变形的固相，产生低渗透率泥饼，从而使滤失量得到有效的控制。

2.2.3.7　絮凝与聚结的影响

钻井液的絮凝使得颗粒间形成网架结构，这种结构可使渗透率有一定的提高。滤失压差越高，这种结构就越难以形成，因此孔隙度与渗透率两者都随压力的增加而减小。絮凝的程度越高，颗粒间的引力就越大，其结构就越强，对压力的抵抗能力就越大。若聚结伴随着絮凝，这种结构还会强一些，使得泥饼的渗透率增大。相反，在钻井液里添加稀释剂，其反絮凝作用将会使泥饼的渗透率降低。此外，大多数稀释剂是钠盐，钠离子可以交换黏土晶片上的多价阳离子，使聚结状态转变为分散状态，从而可降低泥饼的渗透率。因此，钻井液的电化学性质是决定泥饼渗透率的一个主要因素。一般情况下，絮凝钻井液的泥饼渗透率的数量级为 10^{-5}D，而那些用稀释剂处理的钻井液的泥饼渗透率数量级为在 10^{-7}D。

可见，絮凝与聚结任何单方面的作用以及由此建立的平衡状态和钻井液的电化学性质都将改变固相（黏土）颗粒的大小、分散度和级配，进而影响泥饼形成的整体质量。

3 高密度水基钻井液泥饼性质表征与定量评价

3.1 高密度水基钻井液泥饼性质表征

在压差作用下，钻井液中的自由水向井壁岩石的裂缝或孔隙中渗透，称为钻井液的滤失作用。从广义上讲，泥饼是指钻井液在井壁滤失过程中带有水化膜的固相颗粒、吸附溶剂化层的固相颗粒和网络水协同沉积形成的；从狭义上讲，泥饼是由单个黏土片或多层黏土片絮凝而成的边面结合的网架结构集合体。对于每一个黏土颗粒，其片状表面带有负电荷，边缘表面带有正电荷。这种网架结构的平衡稳定和变形取决于系统中不同元素的相互作用。泥饼的这种网架结构及其性质，直接影响到泥饼的宏观性质和泥饼质量，其主要贡献是在井壁上形成泥饼后，使井壁岩石渗透性减小，阻止或减慢钻井液继续侵入地层，有利于井壁稳定、井下安全、保护油气层。

为了弄清泥饼网架结构，必须知道黏土片两个平行表面间的双电层相互作用机理，这个机理已经由 Verwey 和 Overbeek（1948 年）研究过，他们的工作奠定了黏土絮凝系统中固相元素相互作用的理论基础。1977 年 Van Olphen 在《黏土胶体化学原理》一书中阐明了黏土片边面不同电荷相互吸引的机理，并测定出两个黏土颗粒边面结合力为 4×10^{-10}N。在黏土絮凝系统中，黏土片边面相互作用对结构力的分析具有非常重要的意义。这里根据双电层理论，可建立起黏土颗粒模式（即泥饼黏土系统物理及几何模型），并用它来描述泥饼网架结构的力学稳定性。

在泥饼黏土絮凝系统中，黏土颗粒间的边面作用构成了泥饼网架结构形式。泥饼结构的变形也是该系统中的力相互作用的结果，如静电斥力、范德华引力和作用在泥饼上的压缩力等。对大多数从不同钻井液中沉积而生成的泥饼来说，黏土颗粒的边面作用是主要形式，因此，可假设泥饼构成主要是通过黏土颗粒的边面作用而形成的。理想的泥饼网架结构如图 3.1 所示。

在泥饼网架结构的孔隙空间充满了电解质溶液，黏土片表面带有均匀的负电荷，其边缘带有正电荷。网架结构中的黏土颗粒两边都有双电层结构。在泥饼网架结构边界上黏土颗粒，其表面上的双电层对网架结构没有影响。作用在泥饼网架结构边界上的压缩力被视为一个均匀的分布载荷。现取一个对称的菱形结构作为单元体，如图 3.2 所示。单元体的边界由 4 片黏土片围起，每一个角就是边面结合的交点，这样就构成一个二维的相同单元体的连续结构。可进一步假设泥饼网架结构中每一个黏土片具有相同的长度和厚度，从这

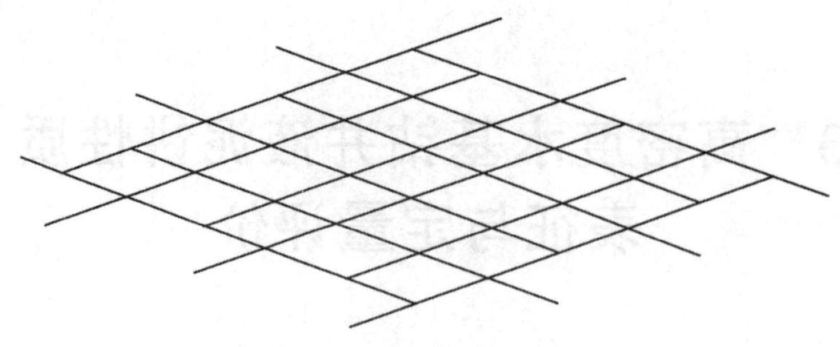

图 3.1　理想的泥饼网架结构

种网架结构模式可以看出，泥饼之所以可压缩是由于这种结构可以变形的结果。由于所有涉及的力都不足以使黏土片变形，因此可假设网架结构中的每一个黏土片都是不变形的刚体。在做完上述假设后，一个二维的、对称的单元体均匀分布的泥饼网架结构模式就此建立。

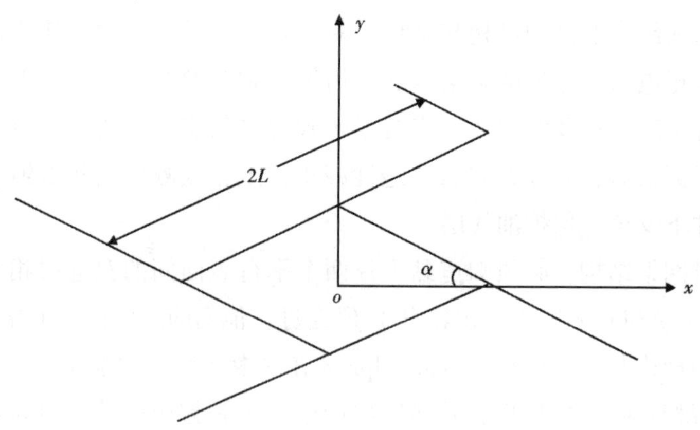

图 3.2　网架结构的单元体

L—黏土片长度；α—边面夹角

泥饼质量是指可用物理参数来表征泥饼性质的量度，其物理意义反映了泥饼薄、韧、致密、可压缩、光滑等程度，大体可用弹塑性、厚度、渗透率、致密程度、压缩性、抗压强度、润滑性等参数来描述泥饼的性质，当这些参数指标处于最优时，如韧性好、薄而致密、渗透率低、可压缩性好、强度（抗压强度）高、润滑性好等，意味着泥饼质量好，其贡献将使井壁岩石渗透性大大减小，强烈阻止或减慢钻井液继续侵入地层，保证井壁稳定、保护油气层，避免因泥饼质量差带来的固井质量问题和井下安全隐患。

反映泥饼性质（质量）的参数较多，有定性的，也有定量的，理论上概括起来，表征泥饼性质（质量）的参数有韧性、弹性、压缩性、可压缩性、密实性、致密性、孔隙度、厚度、渗透率、抗剪切强度、抗压强度、润滑性等多个参数。这些参数既相对独立又互为联系，只有当这些参数处于最优时，才认为泥饼质量好，才可在一定程度上降低或减少因泥饼质量差带来的负面影响。然而，测定泥饼质量参数的方法众说不一，各有各的优缺点，一个参数的测定方法就有许多种，有的相当复杂，似乎很有参考价值，就单一参数的测定和研究是可取的，但可操作性差，不是测定仪器笨重、结构复杂、操作烦琐，就是数据处理困难，给用户研究和处理问题带来极大不便。经分析认为，能描述高密度水基钻井液滤失行为规律的也只有达西渗滤方程，它沿用至今是最实用的，也是最经典的，获得的滤失量被 API 纳入标准测定，但它被用于钻井液渗滤模式描述也做了许多假设，因此，采用达西渗滤模式求得的数据仍然是相对的，正因如此，就制定了 API 标准（包括仪器、操作程序、指标等）进行规范，消除因测同一个参数采用不同仪器、手段、方法等因素对测定结果带来的误差和影响。由于泥饼质量受地层岩性特点、井深、井身结构、钻井液类型（即滤液性质）等诸多因素影响，因此，关于泥饼质量的参数无法以标准进行规范，于是出现不同油田、不同区块、不同井段关于泥饼质量的相对范围，由此可见，所得泥饼质量的参数数据也是相对的参考值。鉴于此，只要在相同条件下，对表征泥饼质量的参数采用对应的仪器、手段或方法进行测定或计算，对处理后（如通过调整或调控方法改善泥饼质量）所获得的数据明显不同于处理前（初始泥饼质量）结果，就可表明采用的这种或这些方法是可行的。因此，为了研究或处理方便，避免操作困难、测定烦琐、数据处理费时不精确，关键在于采用的仪器、手段或方法可操作性强、简捷快速，获得的数据可比性好。

但因高密度水基钻井液体系是一个集物理化学、有机化学、胶体化学、高分子化学、表面化学、水化学等为一体的极为复杂的体系，各种处理剂在不同温度和压力下的相互作用各不相同，再加上在地下各种“环境”条件的苛刻和多变以及存在高固相，因此即使地面实验条件下有“规律”可循，但在地下实际状况如何则无从可知。但从现场实践和所测定的钻井液样品的质量参数来看，经过高温和剪切的高密度水基钻井液的滤失特性一般都比室内所测定的性能要好（泥饼薄、强度高、滤失量小等）。因此，如果在室内测定时其泥饼质量好，则在井下实际条件下，其泥饼质量必然更好。

结合前面知识，下面将详细描述高密度水基钻井液泥饼性质的物理参数，并介绍获取和测定这些参数的常规方法，借此确定描述泥饼性质的关键物理参数，分析影响泥饼质量关键参数的因素。

3.2 描述泥饼性质的关键物理参数确定

3.2.1 泥饼厚度

由于泥饼是钻井液向近井地层不断滤失形成的，其固相颗粒由大而小地沉积到渗滤面，使得孔缝越堵越小，而泥饼的孔隙度和渗透率都会随颗粒直径的减小而降低。泥饼强度会随厚度增加而变差。泥饼厚度并不能无限制地增加，由于压差作用、钻井液的剪切冲洗作用等，当泥饼形成一定厚度以后，其厚度将不再改变。越远离井壁，泥饼的强度越小，当达到一定厚度形成虚泥饼时，其强度接近于 0，在强度上也即表现为泥饼的初始强度。

泥饼厚度是指钻井液在滤失过程中单位时间内固相颗粒被拦截在单位面积上的体积的

平均高度，以 H 表示。大量实验研究结果表明，一定厚度的泥饼是具有某种结构特征的连续复合体，根据泥饼层状结构实际理论模型（图 1.4），可把泥饼分成性能相异的 4 层（实际泥饼中并不存在这样的“层”，而是连续变化的，只是为了研究问题方便，才根据其力学特征人为进行分层的），即虚泥饼层（属大孔松散层）、可压缩层（属多孔支撑层）、密实层（属小孔过渡层）和致密层（属致密皮层），后 3 层又统称为实泥饼层（这与泥饼应力应变曲线分层一致）。第一层泥饼的厚度称为虚泥饼厚（H_f），后 3 层的厚度之和统称为泥饼实厚（H_t），泥饼的总厚度（H_{tt}）即为虚泥饼厚与实泥饼厚之和：$H_{tt}=H_f+H_t$。在实际钻井过程中，只有实泥饼存在于井壁上，从研究井壁稳定角度出发，对钻井过程有意义的是对实泥饼的测定，泥饼的贡献在于泥饼厚度越薄、越致密、韧性越好越有利。下面就泥饼结构做进一步分析。

虚泥饼层：刚刚制备的新鲜泥饼，表面上一般附着一层疏松的呈胶凝状态无附着力的絮状物，其强度接近于 0，在井下该表层被流动的钻井液冲蚀，当钻井液静止时才能在井壁上形成，通常称为虚泥饼。在现场和实验室标准实验中，API RP 13B 规定“用平缓的水流冲去泥饼最表层的虚泥饼”，然后再测定泥饼的真实厚度和观测它的其他性能。从钻井作业的实际需要出发，一般要求虚泥饼应尽可能薄，以免在井下钻井液停止循环后，形成过厚的泥饼，导致开泵时的激动压力过高和起下钻作业时的阻力过大。

可压缩层：在虚泥饼的下部开始接触真正的实泥饼，此部分实泥饼虽已具有一定的强度，但强度增加很缓慢且强度值不大，其致密程度也开始增加；而且外力越大，其厚度越小，表现出明显的可压缩性，因此这一层称为可压缩层。可压缩层太厚，表明泥饼表面太疏松，内聚力弱，泥饼质量不好；但若太薄，钻井液冲蚀后很可能会影响其内层的高强度泥饼层。因此，一般要求在泥饼其他性能较好的情况下，压缩层应尽可能薄，以更利于钻井作业。

密实层：在压力作用下，泥饼被压缩至一定程度后，其强度逐渐增大，而且增大速度也快速增加，泥饼表现为弹性与强度均佳的综合体。随着压力的增加，其可穿透的泥饼厚度变化不大，即泥饼本身产生较强的抵抗外力的能力，表现出很高的致密程度，因此称这一层泥饼为密实泥饼层。由于在该层内泥饼的弹性与强度的综合性能很强，也称为韧性区，因此一般要求该层应稍厚一些，使具有强度的泥饼表现出一定的弹性，避免钻井液冲刷和压力作用的脉动对钻井液造壁性带来不利影响，以真正起到防止井壁失稳的作用。

致密层：密实层以下是泥饼强度最高的部位，是在钻井液动态滤失时，最先形成的一层泥饼，经历了冲刷和压力的连续作用，密实程度异常高，强度增加极快，类似于“固体层”，且厚度非常小，是构成泥饼强度的主要因素，称为致密泥饼层。从钻井作业的护壁和抗冲蚀等方面考虑，一般要求致密层应尽可能薄，但强度越大越好。

过去一直没有精确测量泥饼实厚的方法，主要是因为不可能精确区分钻井液与泥饼表面间的边界。这是因为泥饼被通过其孔隙的滤液的液压阻力压实，液压阻力由泥饼表面向泥饼内部增加，而泥饼的孔隙压力则是从泥饼表面上的钻井液压力逐渐减少到泥饼底部的零。任何一点的压实压力（及其导致的粒间应力）等于钻井液压力减去孔隙压力。因此，在泥饼表面，压实压力等于零，而在泥饼底部等于钻井液压力。由于实际泥饼有虚、实之分，而虚泥饼可以被柔和水流冲刷掉，它没有强度，最能起作用的是实泥饼，因此，准确区分虚、实两层而又对泥饼无须做任何处理，同时能测定出实泥饼厚度显得十分重要，它是泥饼质量最重要的关键参数，多处计算中涉及这个参数。下面介绍几种泥饼厚度的实验测量方法。

（1）SW-Ⅰ型岩心动态污染仪测量法。

采用西南石油大学研制的SW-Ⅰ型岩心动态污染仪测定泥饼厚度。沿泥饼端切掉一小段岩心（一般为0.5cm），然后测定剩余岩心的渗透率，比较该渗透率与岩心的原始地层水渗透率，若剩余岩心的渗透率比岩心的原始地层水渗透率更小，继续沿泥饼端切掉一小段岩心，直至剩余岩心的渗透率基本上等于岩心的原始地层水渗透率为止，这样切掉的长度之和即为泥饼厚度。因这种方法测定烦琐、精度不高而受限未能普及。

（2）泥饼厚度接触式测量法。

钻井液泥饼厚度的测量属于几何长度的测量。接触式测量是最常用的一种方法，它是指测量器具的测量头在一定测量力的作用下，与被测物体直接接触的测量方法。接触式测量由于与被测物接触，会使被测物体产生形变，影响测量精度，还会损坏被测物体表面，磨损测量头。目前，现场测量钻井液泥饼厚度的方法都是接触式，常用游标卡尺、千分尺测量。然而，用硬金属测量软泥饼的方法会使泥饼产生形变造成误差；人为因素也会影响泥饼厚度的测量值，这使得室内和现场人员经常估算泥饼厚度。近年来，人们已注意到这个问题并进行了改进，以景天佑等设计的泥饼厚度测量仪和侯勤立等设计的测量钻井液泥饼厚度的装置最具代表性。

景天佑等1993年设计的泥饼厚度测量仪由数字千分表、滑套、立柱和砝码等组成。数字千分表与滑套铰接在一起并滑套于立柱上，当砝码加载千分表压杆上时，压板压入泥饼，据测得的加载量与应变量关系，通过几何作图，即可直接读出泥饼厚度。侯勤立等2001年设计的测量装置是由底座、立柱、测量盘、限位套、横臂梁和百分表组成，其主要技术特征是将立柱固定在底座上，带轴套的测量盘用止动螺钉固定在立柱上，限位套可沿立柱上下移动并固定在立柱上的某一位置，横臂梁的一端固定在立柱的顶端，另一端安装百分表。测量时可以直接从百分表读出泥饼的厚度。这两种装置都具有结构简单、操作方便的特点，比单纯用千分尺测量准确、方便。但这两种测量方法都属于接触测量，测量过程中都需要仪器测量头与待测泥饼接触。由于测量时运用接触片并需人工读数，因此测量结果受到影响。

（3）泥饼厚度非接触式测量法。

运用磁、声、电、射线、光等进行几何测量的非接触式测量方法已广泛应用于工业测量中，下面分析这些方法用于测量泥饼厚度的可能性。

①磁原理测量方法。

磁原理测量是利用磁感应原理测量厚度。测量时线圈的电感量与磁铁表面积、磁导率、线圈匝数、被测物体的厚度、流过线圈电流以及整个磁路的磁阻有关。被测物的厚度与线圈的电感量有准确的数学关系，通过测量线圈产生的电感量就可得到被测物的厚度。磁原理测量方法具有灵敏度高、测量范围宽、仪器轻便、操作简单等优点，但受干扰因素多，应用面窄。目前主要应用于铁磁性基体上的非磁性物、非铁磁性基体上磁性物、基体和导磁性相差较大的被测物厚度的测量。泥饼中的一些有磁性的成分会对磁原理测厚方法的准确性产生影响。因此，用磁原理测量方法测量泥饼厚度难度较大。

②超声波测量方法。

超声波测量是利用超声波脉冲回波技术在不破坏被测物的情况下，对工业上许多重要结构和部件进行精确测量，一般壁厚在10mm以下的测量精度可达0.01mm。测量脉冲由窄电脉冲激励专用的高阻尼压电换能器产生，此脉冲为始脉冲，一部分由始脉冲激励产生的超声波信号在材料界面反射，此信号称为始波。其余部分透入材料，并从平行对面反射回来，这一返回信号称为背面回波。始波与背面回波之间的时间间隔代表了超声波信号穿过被测件的声程时间。超声波在不同材料中的传播速度是不同的。因此，如果知道超声波在待测物体中的传播速度，并测出超声波在待测物体中的声程时间，就能计算出待测物体的厚度。但是钻井液泥饼成分十分复杂，除水溶物外，还有许多不同的固体颗粒或电解质，而且这些组成物在泥饼中所占的比例也不相同，很难测出超声波在钻井液泥饼中的标准传播速度，因此无法测量钻井液的泥饼厚度。即使测得也不一定是泥饼的真实厚度或离真实值差距较大，其精度也难以保证。

③电原理测量方法。

两极板间电容的大小随放在其间被测物体的厚度和材料的不同而不同。两极板间的电容与真空介电常数、被测物相对介电常数、电极间隔、测头电极面积和被测物厚度有关，测量前真空介电常数、被测物相对介电常数、测头电极面积和电极间隔都是已知的。如果测量出两极板间的电容，再减去被测物厚度为0时的电容，就得到与被测物厚度有关的电容，从而计算出被测物体的厚度。由此可见，只要其他参数不变，电容就随被测物厚度变化而变化，由此建立的关系实现了非接触测量。用电容原理测厚时，在相同厚度条件下因被测物材质不同，电容量也不同，因此在一定条件下可适用于多种被测物。这种方法的优点是测量速度快、方便；缺点是易受外电磁场的干扰，并且它要求被测物表面整齐、光滑，测头和被测物保持良好接触等。测量精度一般为±5%，常用于对非导电物体厚度的测量。但待测泥饼因电解质的存在而限制了它的应用。此外，还有其他原因，如仪器在井场应用时，可能会受到其他仪器电磁场的干扰等。

④射线测量方法。

利用β射线、γ射线或X射线来完成厚度的测量也是非接触式测量方法的一种。以β射线为例，当放射性物质经过一定放射性变化后，从原子核里发射出一束高速电子流，被称为β射线。当β粒子入射到物质中后，与物质中的电子和原子相互作用发生吸收和衰减，其辐射能量就会损失、减弱，其衰减程度与物质的密度、厚度有关。在测量过程中，穿透吸收层的总粒子数与入射到吸收体的总粒子数、吸收体厚度、吸收体密度和质量吸收系数有关。测量前吸收体密度和质量吸收系数都是已知的，测量时如能测出穿透吸收层的总粒子数和入射到吸收体的总粒子数，就能计算出吸收体厚度。射线法测厚仪虽反应速度快、重量轻、体积小、能精确和连续不接触测量物体的厚度，对被测物体没有损坏，但是这种仪器价格昂贵，难以普及，而且射线对人体有害，能够引起放射性疾病，使用时须加以安全保护等措施，因而限制了它的广泛应用。

⑤光原理测量方法。

用光作为测量介质时，光源一般采用激光，这是因为激光方向性好，近距离测量物体时光束扩散的影响可以忽略；光束的发散角较小，光能在空间高度集中，从而提高了亮度。激光光谱单纯，波长范围 $\Delta\lambda \leqslant 0.01$mm，比普通光源提高了几万倍，是最好的单色光源，是目前最亮的、颜色最纯、射程最远、会聚最小、方向性最好的光源。用光原理测量钻井液泥饼对光的选择十分严格，这关系到光信号的发射与接收的强度、效率以及由此计算出的泥饼厚度值，因此，使用何种光来完成测量非常重要。然而，用光原理测量泥饼厚度的关键是将测得的光信号转化成电信号，在制作过程中采用激光技术十分复杂，成本也会大增，限制了它的应用。

由此可见，能自动找出真假泥饼界面，精确地测量泥饼真实厚度，同时满足室内和现场实际条件，可操作性又强，简捷快速，获得的数据可比性好的方法是最可取的，也是最实用的。通过调研和实验验证，认为 M-I 钻井液公司生产的 FCP-2000 型泥饼针入度仪和西南石油大学研制的 DL-Ⅱ型泥饼测试仪（图 3.3）可完成泥饼厚度的测量工作。考虑到这两种仪器的原理和方法相同，且后者成本低、轻巧、可操作性强，特选用 DL-Ⅱ型泥饼测试仪测定泥饼厚度。

DL-Ⅱ型泥饼测试仪主要具有如下功能：（1）能自动找出真假泥饼的界面，精确地测量泥饼的真实厚度，尤其是 HTHP 泥饼；（2）能自动绘制出泥饼厚度与强度的关系曲线；（3）能自动显示出泥饼任一厚度位置的强度大小；（4）从曲线上可分析出泥饼的压缩程度；（5）从曲线上可分析出泥饼的致密程度；（6）从曲线上可分析出泥饼的最终强度大小。DL-Ⅱ型泥饼测试仪的技术指标为：测量范围 0~3000g（数字显示为 0~1999g）；针入深度 0~15mm；针入面积 6.5mm^2。DL-Ⅱ型泥饼测试仪工作原理：该仪器的关键部件是恒速下移的探针和放置泥饼的传感器。当探针下移针入真泥饼后其载荷通过传感器转换成电信号输出，一路通过 D/A 模糊数转换器将信号放大并转换成数字信号，由显示板显示出瞬时载荷的大小。同时另一路输出进入 *X—Y* 自动记录仪绘制曲线。记录仪 *X* 轴方向表示的是泥饼的当量厚度（它是时间、记录仪挡位和电机速度的函数）。*Y* 轴方向表示的是泥饼的强度大小。当探针在假泥饼中下移时，由于假泥饼没有内聚力和强度，即没有作用载荷，故无信号输出，数显为零。当数显开始显示时，即是真假泥饼交界面。

DL-Ⅱ型泥饼测试仪操作规程：（1）先接通电源预热 10min。（2）将被测泥饼平整地放在传感器托盘上，最好放在托盘的中心位置。（3）手动将千分尺调整到 15mm 的位置，然后旋动将立柱的旋钮旋至探针与泥饼表面接触，当数显发生变化时即停止。将数显调为零点。（4）将记录仪测量按钮按到 10mV/cm 挡。自动走纸速度拨到 20cm/h 挡。按测量键开始启动。（5）按动电动机启动键，当电动机旋转带动千分尺缓慢匀速地向下针入。数显板显示的数字即为瞬时载荷，记录仪即自动绘出曲线。（6）当探针达到最大测量能力时(即数显陡然发生变化，泥饼针穿时)，停止操作。（7）读取千分尺的读数即为泥饼厚度，记录仪将自动绘制出泥饼针入度的关系曲线。（8）如果不能满足测量要求时，记录仪上的测量和记录走纸速度8个挡可进行切换，它们是倍乘关系。（9）如果需要，可将泥饼移动一个位置，在另一个不同的位置重新进行测试。（10）测试完毕后，将所有开关置于关的位置，将立柱旋至原来位置。并将探针清洁干净，涂上少许油脂以防锈蚀。

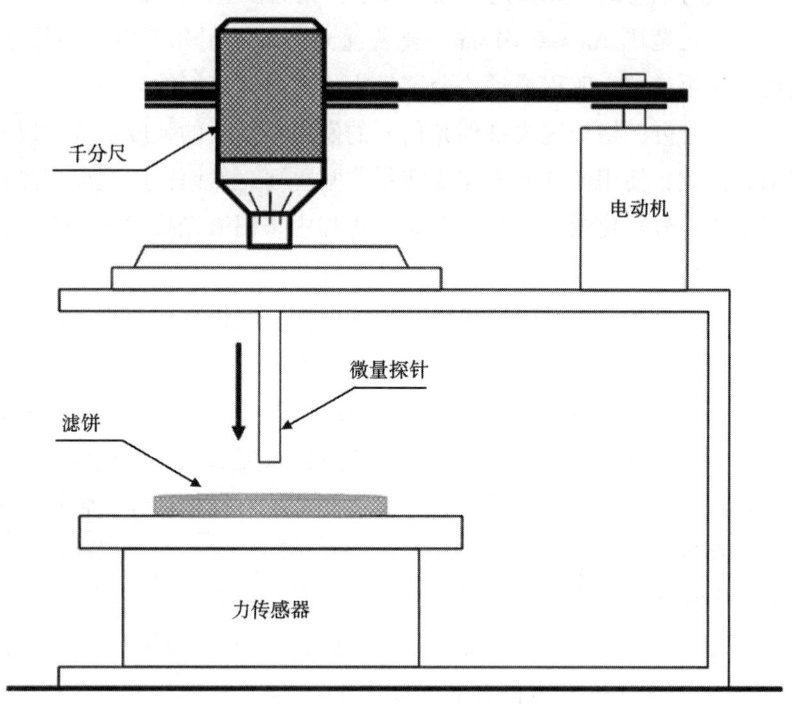

图3.3　DL-Ⅱ型泥饼测试仪

由上述泥饼层状结构物理模型分析可知，泥饼可分为4层，对照泥饼针入度曲线的形状，可以发现泥饼针入度曲线也可分为4段连续光滑的直线和曲线段，如图3.4所示，它们恰好反映泥饼结构中各层不同的机械物理性质。因此，把泥饼针入度曲线分为4段连续光滑的直线和曲线，其物理意义十分明显，也十分明确，且与各种不同试验和测试条件下测得的泥饼针入度曲线的形状十分吻合，说明这种数学模型具有较强的现实意义。图3.4中O点为Y轴调零点（笔尖记录起始点），OA为一直线段，AB为一直线段，D点为探针下降至距泥饼托盘约0.1mm时自动停止点，即为泥饼被针入透时的点。泥饼针入度曲线数学模型中的数学特征量可表述如下：

（1）以OA方向为X轴，其垂直方向为Y轴，建立坐标系。

（2）光滑连续曲线上的几个关键点的坐标分别设为$O(X_1, 0)$、$A(X_2, 0)$、$B(X_3, Y_3)$、$C(X_4, Y_4)$ 和$D(X_5, Y_5)$。

（3）OA、AB和CD三段直线的斜率分别为K_0、K_1和K_2。

（4）AB 和 CD 段直线的倾斜角分别为 θ_1 和 θ_2。

（5）BC 为一曲线弧（一般情况下，并不是圆弧），其曲率为 K_3。

（6）AB 和 CD 分别为曲线 BC 在 B 点和 C 点处的切线。

（7）曲线 BC 的方程可以用 6 次多项式来表述，方程形如：

$$Y = a_1X + a_2X^2 + a_2X^3 + a_4X^4 + a_5X^5 + a_6X^6$$

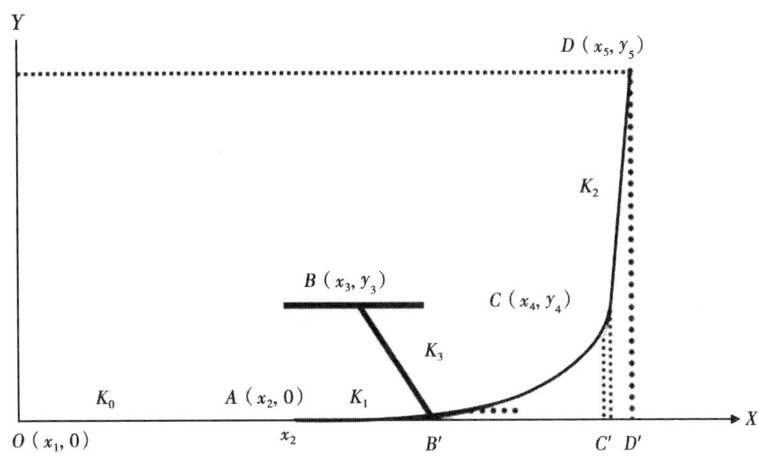

图 3.4　泥饼针入度曲线图

从泥饼针入度曲线图看，当探针接触到泥饼表面时，开启走纸开关，记录仪开始记录曲线，在泥饼针入度曲线上，表示泥饼抵抗阻力（反映泥饼本身强度的大小）的 Y 值在 OA 直线段均为 0，说明在这一段运动时探针受到的阻力为 0，表明从 O 点到 A 点探针均在虚泥饼中运动，因此 OA 段的长度就表示虚泥饼的厚度（H_f），即：

$$H_f = |OA| = X_2 - X_1$$

探针继续往下运动，经过 A 点以后，开始受到较快增长的泥饼阻力的作用，继续往下压探针，直至到达 B 点，泥饼厚度变化很多（压缩到较薄处），而泥饼强度变化不大，说明此段泥饼具有较好的可压缩性，故而此段泥饼称为可压缩层，其厚度即为可压缩层厚度（H_c），即：

$$H_c = |AB'| = X_3 - X_2$$

探针再往下运动，受到的阻力一方面增长较快，另一方面数值较高，说明泥饼的密实性增加，而同时由于这段泥饼较为致密，因此受到压缩时其厚度变化很小，也表明其可压缩性比上一层要弱，因此称这一层泥饼为密实层，其厚度为密实层厚度（H_d），即：

$$H_d = |B'C'| = X_4 - X_3$$

探针运行到最后阶段，厚度变化不大，但泥饼强度急剧增加，且强度值达到极限，表明这一层泥饼既坚且固，类似于“固体”，称这一层泥饼为致密层，其厚度称为致密层厚度

(H_s)，即：

$$H_s = |C'D'| = X_5 = X_2$$

探针在运行至 A 点以后，直至达到 D 点，一直受到大小不等的泥饼抵抗阻力的作用，表明这一段泥饼一直具有一定的强度，在井下作业过程中此部分泥饼将一直起作用，因此其厚度为泥饼真实厚度 H_t，即：

$$H_t |HD'| = X_5 - X_2$$

显而易见，有：

$$H_t = H_c + H_d + H_s$$

其物理意义是：真实泥饼包括可压缩层、密实层和致密层，是实际需要并必须精确测定的厚度，其中测出的 Y_2 为最终强度 p_f，它是当针入度仪通过密实层进入致密层数显值恒定为 $Y_2(p_f)$ 时，表明针入度达终点，即为泥饼的最终强度（即抗压强度 P_f，$P_f = 100Y_2/6.5$）。

而泥饼的总厚度应为虚泥饼厚度与真实泥饼厚度之和，即：

$$H_{tt} = |OD'| = X_5 - X_1$$

或

$$H_{tt} = H_f + H_t$$

曲线分析：（1）压缩性——结合数值分析，若直线段平直且长，则表明泥饼厚，表层太疏松，无内聚力，无强度。若没有平直段或过短，则表明该泥饼无压缩性或压缩性差。若直线段较短 P_i 较小，则说明压缩性好。（2）致密程度——若致密层厚且曲线曲率半径大、P_f 又小，则说明泥饼致密性差；反之则强。若无曲线段，说明该泥饼没有可压缩层，无韧性。（3）强度——P_f 大，说明泥饼强度高，抗压强度高，抗挤压、刺破能力强。（4）若整条曲线短曲线平滑，P_i、P_f 又较大，说明泥饼组成均匀，质量好。值得一提的是，采用 DL-Ⅱ型泥饼测试仪能准确测定泥饼真实厚度和抗压强度这两个重要指标，而曲线描述仅仅对压缩性、致密程度、韧性等参数进行了定性描述，还需结合定量测定来确定，如压缩性与压缩性指标 C_{mc}、致密程度与真实厚度和泥饼渗透率、韧性与韧度等。

3.2.2 泥饼弹塑性

弹塑性（Elasticoplasticity）是指物体在外力施加的同时立即全部变形，而在外力解除的同时，只有一部分变形立即消失，其余部分变形在外力解除后却永远不会自行消失的性能。具有弹塑性的物体是弹塑性体。在弹塑性体的变形中，有一部分是弹性变形，其余部分是塑性变形。在短期承受逐渐增加的外力时，有些固体的变形分为两个阶段，在屈服点以前是弹性变形阶段，在屈服点后是塑性变形阶段。这里提及的泥饼弹塑性的物理意义和贡献集中反映了泥饼弹性、塑性、韧性、可压缩性、压缩性等综合性能。通过分析上述泥饼针入度曲线数学特征量并借助两次失水法，可以比较全面地评价泥饼的弹塑性，它包括泥饼弹性、韧性、可压缩性、压缩性、密实性、致密性和泥饼强度增加程度等，弹性可用弹性系数 C_e 来表征，韧性可用韧性系数 C_t 来表征，泥饼强度增加程度可用强度系数 C_i 表征。可以用可压缩层、密实层和致密层的厚度分别占泥饼真实厚度的百分比来表示泥饼的可压缩性、密实性和致密性，即泥饼可压缩性系数 C_c、泥饼密实性系数 C_d、泥饼致密性系数 C_s 分别为：

$$C_c = H_c/H_t$$

$$C_d = H_d/H_t$$

$$C_s = H_s/H_t$$

显而易见，有：

$$C_c + C_d + C_s = 1$$

根据泥饼针入度曲线的数学模型，探针在 A、B 两点间的泥饼段运动时，直线 AB 的倾斜角越大，表示泥饼压缩至相同的厚度时所需压力越大。或者说，向泥饼施加一相等的力，倾斜角大的曲线所代表的泥饼被压缩的厚度比倾斜角小的曲线所代表的泥饼被压缩的厚度要小，说明倾斜角大的泥饼的弹性比倾斜角小的泥饼大。因此，可以用直线 AB 的斜率 K_1，来表示其所代表的泥饼的弹性，即：

$$C_e = K_1 = \tan\theta_1$$

由于 θ 一般均小于 45°，故 C_e 刚好在 0～1 之间，满足作为系数的一般特征。C_e 值越大，表示泥饼的弹性越强。

材料的韧性也即韧度。材料韧度的定义实际上就是根据材料力学原理定义的屈服强度概念。针对泥饼而言，进一步分析认为，韧性是指滤纸附着的泥饼被柔和水流缓缓冲刷后，泥饼是否松散、泥饼是否黏着滤纸（紧贴滤纸），并反复折叠后泥饼是否有裂开、脱落，且自然风干后泥饼是否脱离滤纸的现象。若泥饼被柔和水流缓缓冲刷后，泥饼不松散、黏着滤纸（紧贴滤纸），并反复折叠后泥饼未有裂开、脱落，且自然风干后泥饼不脱离滤纸，表明该泥饼附着力强、韧性好。显然这种分析只是定性的，没有材料力学对韧性的定义严密。为此，首先借助这种定性分析作为泥饼韧性优劣判断的首选依据，在结合泥饼韧度（即材料力学原理定义的屈服强度）的定量测定，综合分析泥饼的韧性。若这两者所得结论一致，表明泥饼附着力强、韧性好、韧度强、屈服强度高，有利于井壁稳定、保护油气层，避免因泥饼质量差带来的固井质量问题和井下安全隐患。曲线 BC 段的曲率可用来表示泥饼韧性的大小，称为泥饼的韧性系数 C_t，即：

$$C_t = K_3$$

其物理意义在于：物质的韧性是对物质既具有一定弹性又具有一定强度的综合性能的反映。根据泥饼针入度曲线的数学模型，在探针运移至 BC 弧段时，泥饼强度增加迅速，而泥饼厚度尚可压缩，即泥饼既表现出较高的强度，又呈现出一定的弹性。曲线越弯曲（即曲率 K_3 越大），表示泥饼的可塑性越强，泥饼的强度增加越快，因此可以用曲线 BC 的曲率 K_3 来表示泥饼的韧性。根据实测泥饼针入度曲线的数值分析，得知 K_3 值一般小于 1，故取 K_3 代表泥饼的韧性大小，并符合一般的系数特征。K_3 越大，表示曲线越弯曲，泥饼的韧性越好。

针入度试验最后一段直线，基本已探到泥饼致密层底部，其厚度变化很小，但强度猛增至极大值，故可用 CD 直线的斜率 K_2 来表示泥饼强度的增长速度，K_2 越大，强度增加越快，称 K_2 为泥饼强度增加系数 C_{i}，简称强度系数，即：

$$C_{\mathrm{i}} = K_2 = \tan\theta_2$$

根据实测泥饼针入度曲线，一般 θ_2 不小于 45°，用 $\tan\theta_2$ 表示 C_{i} 时，C_i 值大于 1，且当 θ_2 趋近于 90°时，C_{i} 值趋近于无穷大，这种系数表示方法不符合一般的习惯。经研究发现，可以用 $\sin\theta_2$ 来表示 C_{i}：一是因为在 45°~90°内，正弦函数与正切函数同为增函数，可以表述相同的规律；二是在可能的 θ_2 取值范围内，总有 $\sin\theta_2$ 小于 1，刚好满足作为系数的一般特征。因此，可以用 $\sin\theta_2$ 值反映泥饼强度的增加程度，即：

$$C_{\mathrm{i}} = \sin\theta_2$$

虽然泥饼可压缩性概念的提出已有很长时间了，但到底什么是泥饼的可压缩性并非很明确。一般的理解就是泥饼在外加压力作用下，被压缩变形土力学的定义 1 是：土体在压力、温度及周围环境改变时，引起体积变化的性质，称为土的压缩性。一般多孔介质渗流力学对多孔介质或骨架的可压缩性的定义 2 是：由于外力引起大量的不规则颗粒在施加载荷而引起的应力系统作用下，产生不可逆的微观位移和颗粒间不规则接触。上述两种情况属于此定义。土力学还指出：由粗粒和部分细粒土形成的土体呈单粒或蜂窝结构，在压力作用下的压缩起因于颗粒间发生的滑动、滚动、位移到更密实、更稳定状态，在此情况下颗粒间可直接接触，接触点与颗粒大小及范围有关，一般压缩率很小。带水化膜的细黏土呈絮凝或分散结构，由于颗粒有水化膜，不能直接接触，这种土体的压缩来源于颗粒间水化膜的被压挤变薄，以及颗粒间的相对滑动而更加稳定和密实。

泥饼被压缩的原因为：(1) 泥饼中固相颗粒本身被压缩，一般工程压力下，压缩量极其微小；(2) 泥饼中水和空气被压缩，但空气和水的压缩量极其微小；(3) 泥饼的孔隙体积减小，孔隙中的水、气体被排出；(4) 参与泥饼形成的黏土与聚合物形成空间网架结构。

泥饼被压缩的实质是在外力作用下，固相颗粒之间产生相对移动而靠拢，重新排列，小颗粒填充空隙，使泥饼孔隙减小。

由此分析可得出泥饼的压缩性概念。泥饼在载荷作用下被压缩的程度称为泥饼的压缩性，其物理意义为在载荷作用下泥饼中固相颗粒重新排列互相挤密、孔隙减小。泥饼的压缩性（用 C_{mc} 表示）反映泥饼质量的重要信息，是泥饼的重要特性之一。压缩性与可压缩性是两个互逆的概念，压缩性越大，其可压缩性就越小，泥饼越不容易变形而致密，对井壁稳定和油层保护不利。通常要求泥饼应具有较高的可压缩性也即应具有较低的压缩性，它的贡献在于衡量泥饼结构的疏密程度。测定泥饼压缩性的方法很多，常用的有泥饼渗透率法、泥饼针入度法和两次失水法等，杜德林和崔茂荣等研究了不同测定方法的优劣，虽各自提出的观点相异，泥饼压缩性的数值因使用不同的定义式而不相等，但经分析认为两次失水法是目前测定泥饼压缩性的一种简便而直观的较好方法。在其他参数（条件）不变的情况下，压缩性可表示成 3.5MPa 和 0.7MPa 下 30min 的滤失量之比（API 滤失量和 HTHP 滤失量均可），即 $C_{mc}=V_{3.5MPa}/V_{0.7MPa}$，该比值越小，其压缩性越小，可压缩性越好，对井壁稳定和油层保护越有利。根据我国石油矿场高温高压静滤失仪已经普及，而高温高压动滤失仪远未普及的情况，可以认为，用高温高压静滤失仪测定泥饼可压缩性来预测高温高压动态泥饼的可压缩性是可行的，且具有一定的现场指导意义。既然压缩性与可压缩性是两个互逆的概念，且可压缩性系数测定较压缩性系数测定简捷、快速，因此，弹塑性中的压缩性指标可用可压缩性系数来表征，这与平常描述泥饼可压缩性的理解是一致的。

3.2.3 泥饼强度

泥饼强度包括初始强度、最终强度和抗剪切强度。

3.2.3.1 泥饼初始强度和最终强度

由于泥饼是钻井液向近井地层不断滤失形成的，其固相颗粒由大而小地沉积到渗滤面，使得孔缝越堵越小，而泥饼的孔隙度和渗透率都会随着颗粒直径的减小而降低。泥饼本身强度会随着厚度增加而变差。泥饼厚度并不是无限制地增加，由于压差作用、钻井液的剪切冲洗作用等因素，当泥饼形成一定厚度以后，其厚度将不再改变。越远离井壁，泥饼的强度越小，当达到一定厚度形成虚泥饼时，其强度接近于0，当泥饼受压缩时，表现出一定的强度，但强度值太小，实际意义不大，故定义泥饼强度开始快速增加（即 AB 段以后）时的强度为泥饼的初始强度 P_i，即：

$$P_i = |BB'| = Y_3$$

Y_3 也反映泥饼经过压缩层后所达到的最大压缩强度。

泥饼最终强度是指在正压差下刺穿单位面积上致密泥饼时的最小力。其物理意义是指泥饼在破坏（或致密）前所承受的最大应力值。相对于泥饼初始强度而言，泥饼最终强度一般比较大，它的贡献在于该值越大，抗挤压（挤破、刺穿）能力越强，对井壁稳定越有利。针入度曲线的终点，反映泥饼最底层的抗压强度，也即泥饼的最大（最终）强度 P_f，即：

$$P_f = |DD'| = Y_5$$

3.2.3.2 泥饼抗剪切强度

泥饼抗剪切强度是指泥饼表面能够承受的最大抗剪切力而不被破坏时的强度，以 s 表示，其贡献在于该值越大，抗钻井液液流冲刷能力越强。

直至今日，还没有一个行之有效的方法测定泥饼抗剪切强度。我国杜德林、樊世忠与美国得克萨斯大学奥斯汀分校 Chenevert、E. Martin 等人在 1996 年合作研究，提出了利用动滤失装置测定泥饼抗剪切强度的实验原理和方法，其结构图如图 3.5 所示。

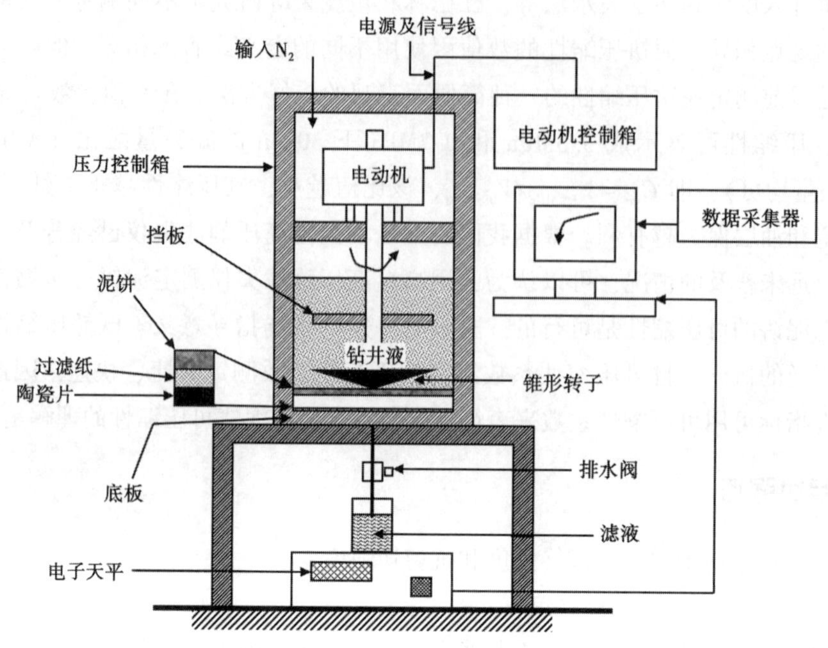

图 3.5　动滤失装置示意图

泥饼抗剪切强度测定的基本原理为：在动滤失过程中，沉积在泥饼表面的固相颗粒同时受到降落在泥饼上的压差和钻井液的剪切作用所产生的冲蚀力这两个力的作用。随着泥饼增厚，作用在泥饼表面某一特定颗粒上的压差减小，当压差作用与钻井液的剪切作用相等时，颗粒在泥饼上的沉积速率和逃逸速率达到平衡，泥饼厚度不再改变。当泥饼在给定的剪切速率下达到其平衡厚度之后，提高剪切速率有可能冲蚀掉部分或全部泥饼。冲蚀程度取决于泥饼中颗粒之间的黏附力，而这个黏附力又取决于钻井液的成分。

泥饼抗剪切强度测定的实验方法为：实验开始时，先向滤失仪中倒入约 200mL 3%KCl 溶液。在静态下进行过滤。一是测定陶瓷片的渗透率，确认其渗透率为 1mD 左右；二是保证从过滤面到滤液出口之间全部充满液体，这样才能精确测定出钻井液的瞬时滤失量。之后将剩余 KCl 溶液全部倒出，倒入 400mL 钻井液，装好仪器，连接好电动机控制箱及数据采集器。施加 0.69MPa 的压力，按顺序分别做 γ 为 $400s^{-1}$、$100s^{-1}$和 $400s^{-1}$的 3 步试验。

根据达西定律：

$$q = \frac{K_c A \Delta p}{\mu h_c}$$

也即：

$$\frac{1}{q} = \frac{\mu}{K_c A \Delta p} h_c$$

在同一实验中，滤液黏度不变，过滤面积不变，压差不变。假定泥饼的渗透率与剪切速率无关，同时令：

$$t = 1/q$$

则有：

$$t \propto h_c$$

式中，t 为产生单位体积滤液所需的时间，与泥饼厚度成正比。

现在定义泥饼的抗剪强度 s 为：

$$s = \frac{t'_3 - t'_1}{t'_2 - t'_1}$$

s 是一个无量纲因子，$0 \leqslant s \leqslant 1$，$s$ 值越大，泥饼越能抗剪切，即泥饼质量越好。

经过多次观察，确定每一步持续 90min，大多数泥饼在这个时间内可以达到平衡。这对钻井液的滤失量有一定要求，如果滤失量较大，在如此长的时间内会有大量滤液滤出，使钻井液成分变化太大。如果钻井液滤失速率太低，受电子天平的灵敏度限制，测定误差又太大。

采用下述数据处理步骤，可获得精确的实验结果。

（1）将实验中计算机记录下来的 810 个“时间和滤液体积”数据对复制到存储介质上，此时是 IBM 文件。

（2）在 Macintosh 计算机上，使用 Apple File Exchange 软件将数据转换成 Macintosh 文件。

（3）用 Microsoft Excel 软件对数据进行计算。

（4）用 Cricket Graph 软件绘图及曲线拟合。取每一步最后 15min 的 45 个数据点（认为此时泥饼的沉积与剪切已达平衡），以滤失量为横坐标，滤失时间为纵坐标作图，所得直线的斜率为 s，计算求解过程中所需要的 t_1、t_2 和 t_3。

实验结果表明，研究测得的 t_3 与 t_2 很接近，当剪切速率从 $100s^{-1}$ 恢复到 $400s^{-1}$ 时，几乎没有泥饼被剪切掉。实际上多数钻井液配方的泥饼 s 值都接近于 1，抗剪切性很好，只有当钻井液体系为纯粹的细分散体系或加入强分散剂时，s 值才远远低于 1。再则，采用这套方法测定泥饼抗剪切强度采集的数据多、分析处理数据极难、烦琐，给用户研究和处理带来极大不便，因此，测定泥饼抗剪切强度实际意义不大。

3.2.4 泥饼渗透性

泥饼渗透性的物理意义反映了在压差作用下泥饼中孔隙空间大小、互相连通状况及允许钻井液滤液通过的能力，其实质是致密程度的集中反映，包括泥饼渗透率和孔隙度。这里最重要的是泥饼渗透率，它集中反映了泥饼的致密性。

3.2.4.1 泥饼渗透率

在一定压差下，泥饼允许钻井液滤液通过的能力称为渗透率。其物理意义是表征泥饼本身传导滤液能力的参数，用来表示渗透性的大小。其大小与孔隙度、液体渗透方向上空隙的几何形状、颗粒大小以及排列方向等因素有关，而与在介质中运动的液体性质无关。它的贡献在于其渗透率越小，致密程度越好，阻止钻井液滤液通过的能力越强，对井壁稳定和储层保护越有利。测定泥饼渗透率的方法很多，最直接又快速的方法是采用下列方法和步骤测定泥饼渗透率 K。

将配制好的钻井液用 GJ-1 型高速搅拌器搅拌 20min，再用 API 高温高压滤失仪测定其 30min 的滤失量（测定条件：室温，压力 0.7MPa）。然后将仪器内钻井液倒出，贴仪器内壁注入少量蒸馏水，轻轻晃动后将水倒出。再注入蒸馏水至刻度处，在室温和 0.7MPa 压力下测定泥饼在蒸馏水条件下的滤失量，每隔 2min 记录一次读数，约 30min 后实验全部结束。取出仪器内泥饼，用热风机将泥饼烘吹 20s，再用 DL-Ⅱ型泥饼测试仪测其厚度（为减小目测误差，在该仪器上连一蜂鸣器，当针尖接触泥饼时，蜂鸣器即鸣叫，即可同时在读数盘上读取数据，此数据即为 Y_1 对应的实泥饼厚度 $L-H_t$），每个泥饼选测 20~30 个点，并取其平均值。泥饼的平均渗透率 K 按下式计算：

$$K = qH\mu(A\Delta p)$$

式中，K 为泥饼平均渗透率，10^{-1}D；q 为单位时间内蒸馏水的滤失体积，cm^3/s；H 为泥饼的平均厚度，cm；μ 为蒸馏水在该实验温度下的黏度，mPa · s；A 为泥饼面积，cm^2；Δp 为实验压差，MPa。

3.2.4.2　泥饼孔隙度

泥饼中所有孔隙空间体积之和与该泥饼体积的比值，称为该泥饼的总孔隙度，以百分数表示。泥饼的总孔隙度越大，说明泥饼中孔隙空间越大。

从实用出发，只有那些相互连通的孔隙才有实际意义，因此在生产实践中，提出了有效孔隙度的概念。有效孔隙度是指那些相互连通的，在一般压力条件下，允许流体在其中流动的孔隙体积之和与泥饼总体积的比值，以百分数表示，这里的有效孔隙度实际上就是泥饼的平均孔隙度，其物理意义变相反映了泥饼的致密程度，贡献在于该值越小，泥饼中固相颗粒排列越紧密，泥饼越致密，阻止钻井液滤液的能力越强，有利于保护井壁和油气层。

测定孔隙度的方法较多，最直接又快速的方法是：在完成泥饼渗透率测定后刮下泥饼，称其湿质量 m_w，并在 105℃下置于烘箱中烘 12h，取出后称其干质量 m_d。求取泥饼干湿质量比 f、泥饼的固相体积分数 φ_c 和泥饼中固相体积占泥饼及滤失量体积的分数 φ'_m，再获取泥饼平均孔隙度。

泥饼干湿质量比 f 按下式计算：

$$f = m_v/m_w$$

式中，m_v 为泥饼的干质量，g；m_w 为泥饼的湿质量，g。

泥饼的固相体积分数 φ_c 按下式计算：

$$\varphi_c = m_d/(Al\rho_s)$$

式中，ρ_s 为泥饼的固相密度，g/cm^3。

泥饼中固相体积占泥饼及滤失量体积的分数 φ'_m 按下式计算：

$$\varphi'_m = m_d / [(Al + V_f)\rho_s]$$

式中，V_f 为钻井液的滤失量，mL。

泥饼的平均孔隙度 ϕ，按下式计算：

$$\phi = \frac{(f' - 1)\rho_s/\rho_f}{1 + (f' - 1)\rho_s/\rho_f}$$

其中：

$$f' = 1/f$$

式中，ρ_f 为滤液（蒸馏水）密度，g/cm^3。

3.2.5 润滑性

泥饼润滑性是指泥饼表面存在一种物质可以减少（或控制）两摩擦表面之间的摩擦力或其他形式的表面破坏的作用。反过来讲，泥饼润滑性反映了泥饼的摩阻系数（也即黏附系数），是衡量泥饼在压差作用下对钻具黏附程度的参数。泥饼润滑性测定有困难。大多数润滑性测试仪器是测量金属对金属或金属对岩石的摩擦，因此，测定泥饼润滑性可转换为测定泥饼的黏附系数 K_f，即用泥饼黏附系数测定仪测量。黏附系数越小，泥饼润滑性越好，其贡献在于减少因黏附带来的卡钻事故等。要想降低黏附系数，就得增大泥饼的润滑性，可通过加入润滑剂改善钻井液的润滑性来实现。测定泥饼黏附系数的方法有简易的滑板式泥饼摩阻系数测定仪和 API 黏附仪测定法。

滑板式泥饼摩阻系数测定仪是一种简易的测量泥饼摩阻系数的仪器。在仪器台面倾斜的条件下，放在泥饼上的滑块受到向下的重力作用，当滑块的重力克服泥饼的黏滞力后开始滑动。测量开始时，将由滤失试验得到的新鲜泥饼放在仪器台面上，滑块压在泥饼中心5min。然后开动仪器，使台面升起，直至滑块开始滑动为止。读出台面升起的角度。此升起角度的正切值即为泥饼的黏滞系数。仪器台面的转动速度为 5.5~6.5r/min，该仪器的测量精度为 0.5°。然而滑板式泥饼摩阻系数测定仪因目测和判断标准不精确，将给测定结果带来误差和影响而不可取，最直接、操作简便、精确、数据可靠的方法是专用的 API 黏附系数测定仪测量泥饼黏滞系数（实际上就是用 API 滤失仪测定，如图 3.6 所示。其技术参数为：配置手动压杆；黏附盘直径为 ϕ50.7mm；工作压力为 3.5MPa；钻井液杯最大耐压 5MPa；过滤面积 22.6cm^2；盛液杯容量 240mL；气源为氮气、二氧化碳气体，其额定压力大于 5MPa）。

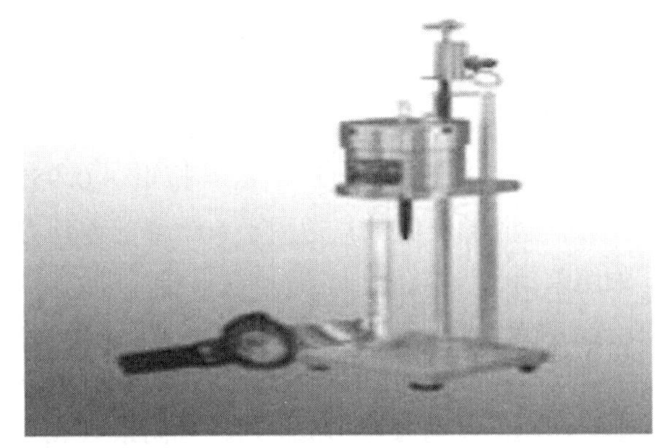

图 3.6　专用泥饼黏附系数测定仪

3.2.5.1 实验操作程序

将仪器、扭矩盘清洗干净，用腐蚀性去垢化合物（康密脱洗净剂）擦量盘面直至发亮，并用水清洗后取出，然后小心谨慎地弄干；在内室滤网上放好滤纸（贝劳德高压滤纸）、橡胶垫圈和平滑垫圈，用圈扳手把提放圈拧紧在垫圈上面，把一阀杆的螺纹端插入小室底部的中心孔并把它拧紧；为做实验，把钻井液注入小室到刻度线处或顶部的1/4处，把小室置于台架上，4个扭矩盘应进入4个圆孔，从盖面的里面把扭矩盘杆穿过盖子，这时的黏附盘表明是向上的；把盖上紧到小室上，这时扭矩盘杆向上立穿过带有“O”形垫圈的盖中心，把另一阀杆插入小室，盖用手上紧（关闭阀门），通过阀杆顶端装上CO_2总成并插好销子，关闭CO_2总成的调压阀，退回调压手把。把CO_2弹嵌入滚花的CO_2弹的套筒，并把套筒上紧到头以戳通子弹；把量筒放于小室之下，并转动回转底部阀杆阀门1/4圈，为了达到500psi（为计算方便，要多于425psi）的读数标准，转动调准压手把，按逆时针方向转动1/4圈，打开顶部阀杆的阀门。记录开始实验的时间。当泥饼厚度或滤液体积达到要求后，将扭矩盘横杆向下推进扭矩盘，为了下压黏附盘，以横杆槽扣住支架的横梁，转盘继续下走，一直压到盘黏着，记录滤液体积和时间。让盘黏着5min或更长，置套筒于扭矩扳手上，调整扭矩扳手上的刻度盘到零值。置扭矩扳手和套筒于扭矩盘杆的六方形顶部。通过用扭矩扳手随便盘向哪个方向转动来测量扭矩，这时要留心观察刻度盘，用另一只手把扭矩盘横杆卡在支架的两个立柱间；记录放置时间（盘黏附时间），考虑容积和最大扭矩。为计算黏附系数，重复此过程（让盘黏着5min或更长……考虑容积和最大扭矩）。回转调压手把，然后打开排出阀。

3.2.5.2 泥饼黏附系数计算

把扭矩（lbf❶·in❷）换算成滑动力（lbf），即扭矩乘1.5（用2in直径的扭矩盘时才正确），扭矩盘的面积为3.14in^2，在盘上的差动力是3.14×500即1570lbf，黏附系数是盘开始滑动必需的力和盘上的标准里德比例，即泥饼黏附系数K_f为：

$$K_f = \frac{扭矩 \times 1.5}{差动力 \times 盘面积} = \frac{扭矩 \times 1.5}{1570}$$

即：

$$K_f = 扭矩 \times 0.955 \times 10^{-3}$$

注意，这个修正系数只适用于500psi的差动力时。

如用差动力为500psi时：

扭矩读数为100lbf·in，则黏附系数$K_f = \frac{100 \times 1.5}{1570} = 0.0955$（无量纲）；

如果所用的差动力为475psi时，黏附系数K_f将等于扭矩读数除以1000，在上述例题中的黏附系数应为0.1。

---

❶ 1lbf=4.448N。

❷ 1in=25.4mm。

从以上对泥饼质量参数的描述可知，要全面系统地反映泥饼性质的特征参数相当多，有泛泛定性的也有精确定量的，但真实表征泥饼质量的关键参数有限，尤其要能定量描述。通过分析、比较、筛选，认为能真实表征泥饼质量的关键参数有厚度、韧性、弹性、强度、渗透性、润滑性、压缩性、密实性、致密性等，归纳为泥饼厚度、弹塑性、渗透性、润滑性、强度等5类15项指标，即泥饼质量包括泥饼厚度、弹塑性、渗透性、润滑性、强度等5类，分为泥饼虚厚 H_f、压缩层厚 H_c、密实层厚 H_d、致密层厚 H_s、泥饼实厚 H_t、可压缩系数 C_c、密实系数 C_d、致密系数 C_s、弹性系数 C_e、强度系数 C_i、韧性系数 C_t、渗透率 K、润滑性（即黏附系数 K_f）、初始强度 P_i、最终强度 P_f 等15项性能指标（表3.1）。泥饼质量的好坏，实际上就是这5类15项指标的综合性能的好坏。过去在API标准及现场评价的描述中，对泥饼质量评价的描述总是主观的，以硬、软、坚韧、坚固、厚、薄、虚、韧等表达方式出现，虽然这种描述可以反映泥饼质量方面的一些重要信息，但是在准确评价和比较不同泥饼质量的差别时，却是很粗糙，可比性差。为了定量准确评价泥饼的各种特性系数和定量表征泥饼质量，行之有效的办法唯有借助于仪器分析，只要条件、设备、操作一致，消除一切外来因素带来的误差，所得数据就可信，可比性好。通过前面分析研究认为，采用DL-Ⅱ型泥饼测试仪、API中压滤失仪和API高温高压滤失仪可以全面确定泥饼厚度、弹塑性、渗透性、润滑性、强度等5类15项性能指标（表3.1），能全面系统地评价泥饼机械物理特性，即泥饼质量。

表3.1　泥饼质量特性与关键参数

泥饼质量特性	关键特征参数	符 号
厚度	泥饼虚厚	H_f
	压缩层厚	H_c
	密实层厚	H_d
	致密层厚	H_s
	泥饼实厚	H_t
弹 塑 性	可压缩系数	C_c
	密实系数	C_d
	致密系数	C_s
	弹性系数	C_e
	强度系数	C_i
	韧性系数	C_t
强度	初始强度	P_i
	最终强度	P_f
渗 透 性	平均渗透率	K
润 滑 性	黏附系数	K_f

3.3 高密度水基钻井液泥饼质量数学模型建立

通过分析泥饼质量特性与关键参数可知，泥饼弹塑性、强度均与泥饼厚度（主要是真实厚度）、致密程度（主要是渗透率大小）等密切相关，因此，泥饼厚度、渗透率是其最关键的特征参数，也是影响滤失量的关键因素。在建立高密度水基钻井液泥饼质量数学模型时主要考察泥饼厚度、渗透率、滤失量之间的关系。考虑到泥饼可压缩性带来的数学模型不可解的问题，本研究中主要就不可压缩泥饼建立起数学模型，符合高密度水基钻井液的实际情况（因高密度水基钻井液的固相绝大多数为刚性颗粒）。由于泥饼形成的最终结果表现在泥饼厚度、渗透率和滤失量上，因此，这些数学模型也就反映了泥饼质量（泥饼厚度、渗透率、滤失量）的相关问题。

3.3.1 不可压缩线性外泥饼模型

这里是针对线性内外泥饼形成的数学模型进行推导，将其分成内外泥饼，是为了推导的方便和计算的简化。

假设：（1）地层均质，形成的外泥饼均匀；（2）只考虑外泥饼，不考虑内泥饼；（3）外泥饼从开始形成到动态平衡看作一个整体。之所以这样假设是因为在不同条件下，泥饼的形成过程有很大的区别，而这样就避免了不一致。

不可压缩泥饼，是指固相颗粒在井壁上形成的（外）泥饼，其参数包括孔隙度和渗透率。尽管这是比较理想的情况，但是泥饼在压实后趋于稳定时也具有这些特征。根据物质平衡原理，则形成泥饼的颗粒质量应该等于这些颗粒在钻井液中的质量：

$$(HA_s - HA_s\phi_c)\rho_s = (V + HA_s)C_s \tag{3.1}$$

式中，H 为外泥饼厚度，mm；A_s 为外泥饼表面积，cm^2；V 为滤失体积，mL；ϕ 为外泥饼孔隙度,%；C_s 为颗粒在悬浮液中的质量分数,%。

$$H = \frac{VC_s}{A_s[(1 - \phi_c)\rho_s - C_s]} \tag{3.2}$$

由科泽尼—卡曼方程得：

$$\frac{dV}{dt} = \frac{\phi_c^3 \Delta p A_s}{K''\mu(1 - \phi_c)^2 S_p^2 H} \tag{3.3}$$

将式（3.2）代入式（3.3），积分得：

$$V = \sqrt{\frac{2\phi_c^3 \Delta p A_s^2[(1 - \phi_c)\rho_s - C_s]t}{K''\mu(1 - \phi_c)^2 S_p^2 C_s}} \tag{3.4}$$

将式（3.4）代入式（3.2）得：

$$H = \frac{C_s}{A_s[(1-\phi_c)\rho_s - C_s]}\sqrt{\frac{2\phi_c^3 \Delta p A_s^2[(1-\phi_c)\rho_s - C_s]t}{K''\mu(1-\phi_c)^2 S_p^2 C_s}} \tag{3.5}$$

由式（3.5）可以看出，泥饼的形成厚度随固相含量的增加而增大，而且固相颗粒粒级越小，泥饼的厚度就越薄。

由于所讨论的为线性稳定流，根据达西定律有：

$$\frac{dV}{dt} = \frac{K_c \Delta p A_s}{\mu H} \tag{3.6}$$

根据式（3.3）和式（3.6）得到外泥饼渗透率：

$$K_c = \frac{\phi_c^3}{K''(1-\phi_c)^2 S_p^2} \tag{3.7}$$

式中，K_c 为外泥饼渗透率，mD；K''为常数，取决于泥饼颗粒大小与形状，一般取 5。

由于形成泥饼的颗粒直径不同，设颗粒间的接触为点接触，对于球形颗粒，则有：

$$S_p = \frac{6(1-\phi_c)}{d} \tag{3.8}$$

式中，d 为固相颗粒直径，μm。

设直径为 d_i 的颗粒质量比为 G_i%，则泥饼中各级颗粒的比面积为：

$$S_p = \frac{6(1-\phi_c)}{100}\sum_{i=1}^{n}\frac{G_i}{d_i} \tag{3.9a}$$

根据屏蔽暂堵机理，假设为三级架桥粒子，第一级架桥粒子按 1/3~2/3 孔喉直径选择为 1/2，约占 3%；第二级架桥粒子按 1/4 孔喉直径选择，约占 1.5%；第三级架桥粒子也按 1/4 孔喉直径选择，约占 1%。其体积分别为 V_s、$V_s/2$ 和 $V_s/2$，第一级架桥粒子的直径为 d，则计算得到：

$$S_p = \frac{6(1-\phi_c)}{100}\cdot\frac{1}{d}\left[\frac{3000}{55}+\frac{3000}{55\sqrt{2}}+\frac{2000}{55\sqrt{2}}\right] \approx \frac{713(1-\phi_c)}{100d} \tag{3.9b}$$

式（3.9b）为根据钻井液固相颗粒的相对粒径比，求得的钻井液中的各级架桥粒子的比面积。

将式（3.9b）代入式（3.5）得：

$$H = \frac{C_s}{A_s[(1-\phi_c)\rho_s - C_s]}\sqrt{\frac{2\phi_c^3 \Delta p A_s^2[(1-\phi_c)\rho_s - C_s]t}{K''\mu(1-\phi_c)^2\left[\frac{713(1-\phi_c)}{100d}\right]^2 C_s}} \tag{3.10}$$

由式（3.10）可知，在一维线性模型中，随着时间的延长，泥饼也在不断地变厚。式（3.9）即为线性滤失的外泥饼的形成公式。

将式（3.8）代入式（3.4）得到滤失量公式：

$$V = \sqrt{\frac{2\phi_c^3 \Delta p A_s^2 [(1-\phi_c)\rho_s - C_s]t}{K''\mu(1-\phi_c)^2 \left[\frac{713(1-\phi_c)}{100d}\right]^2 C_s}} \tag{3.11}$$

$$V_f = \sqrt{\frac{2Kpt\left(\frac{C_c}{C_m} - 1\right)}{\mu}} \tag{3.12}$$

式中，V_f 为滤失量，mL；K 为泥饼渗透率，mD；p 为压差；C_c 为泥饼中固相体积分数,%；C_m 为钻井液中固相颗粒含量,%。

式（3.12）为《钻井液工艺学》中给出的钻井液滤失量的公式，它只能粗略地估计，不能精确给出计算结果。而式（3.11）可以精确计算出一维线性的滤失量，数据较式（3.12）要精确，明显可以看出，滤失量与时间、压差及固相颗粒粒径成正比，与黏度成反比。

将式（3.8）代入式（3.7）得到：

$$K_c = \frac{\phi_c^3 d^2}{50.8369K''(1-\phi_c)^4} \tag{3.13}$$

式（3.13）为外泥饼渗透率的计算公式，直接反映出钻井液中固相颗粒粒径越小，泥饼的渗透率越低，泥饼渗透率与固相颗粒粒径的二次方成正比，即当固相颗粒粒径增大时，泥饼渗透率将迅速增大。

3.3.2 不可压缩径向内（外）泥饼模型

与不可压缩线性外泥饼的数学模型比较，这里的数学模型为径向数学模型，而且可以动态地模拟外泥饼的形成过程，跟实际情况更为吻合。

假设：（1）地层均质，形成的内外泥饼均匀；（2）先形成内泥饼，内泥饼形成完毕后才形成外泥饼。事实上泥饼是可压缩的，达到一定程度后才动态平衡的，且内外泥饼也是同时形成的，这样假设只是将问题简单化，但并不影响最后的结果和结论。

钻井液中固相颗粒的体积分数为 C，滤液中所含固相颗粒浓度为 C_1，在 $\mathrm{d}t$ 时间内固相颗粒沉积增量为 $\mathrm{d}V_s$，滤失体积增量为 $\mathrm{d}V_1$，根据物质平衡有：

$$\mathrm{d}V_s = \mathrm{d}V_1 \frac{C - C_1}{1 - (C - C_1)} \tag{3.14a}$$

在渗滤过程中，固相颗粒或侵入地层孔隙沉降在孔隙壁上，或以外泥饼的形式沉积在井壁表面上。

假设固相颗粒在距井眼 $r(r > r_w)$ 处开始形成内泥饼，根据物质平衡有：

$$dV_s = \phi(1 - \phi_b) \times 2\pi rh dr \tag{3.14b}$$

式中，ϕ 为地层孔隙度,%；ϕ_b 为内泥饼孔隙度,%；h 为地层厚度，m。

如果通过渗滤面的流量为 q，则有：

$$dV = q dt \tag{3.15}$$

由式（3.14a）、式（3.14b）和式（3.15）联立得：

$$\frac{dr}{dt} = -\frac{q(C - C_1)}{2\pi rh\phi(1 - \phi_b)(1 - C + C_1)} \tag{3.16}$$

式中，负号表示径向距离随着时间的增大而减小。同样，对于井壁上形成的外泥饼有：

$$\frac{dr}{dt} = -\frac{q(C - C_1)}{2\pi rh(1 - \phi_C)(1 - C + C_1)} \tag{3.17}$$

对于均质地层，单相液体渗流应该满足微分方程：

$$\frac{\partial^2 p}{\partial^2 x} + \frac{\partial^2 p}{\partial^2 y} + \frac{\partial^2 p}{\partial^2 z} = 0 \tag{3.18}$$

由于流体及多孔介质均不压缩，流动是稳定流，因此平面径向渗滤方程可以表示为：

$$\frac{\partial^2 p}{\partial^2 x} + \frac{\partial^2 p}{\partial^2 y} = 0 \tag{3.19}$$

对式（3.19）进行坐标转换，化为极坐标得到：

$$\frac{d^2 p}{d^2 r} + \frac{1}{r} \cdot \frac{dp}{dr} = 0 \tag{3.20}$$

单相不可压缩液体平面径向流的边界条件为：井底 $r=r_w$ 处，$p=p_w$；侵入带边界 $r=r_d$ 处，$p=p_d$。从而得到：

$$p = X\ln r + Y \tag{3.21}$$

求得：

$$p = p_w - \frac{p_w - p_d}{\ln\left(\frac{r_d}{r_w}\right)}\ln\left(\frac{r_d}{r}\right) \tag{3.22}$$

两边对 r 求导得到：

$$\frac{dp}{dr} = \frac{p_w - p_d}{\ln\left(\frac{r_d}{r_w}\right)} \cdot \frac{1}{r} \tag{3.23}$$

结合达西公式得到渗滤速度：

$$u=\frac{K_b}{\mu}\cdot\frac{p_w-p_d}{\ln\left(\frac{r_d}{r_w}\right)}\cdot\frac{1}{r}=\frac{K_b\Delta p}{r\mu\ln\left(\frac{r_d}{r_w}\right)} \tag{3.24}$$

式中，u 为渗滤速度，cm/s。

平面径向流的滤失量 Q 可以表示为：

$$Q=Au(1-C)t=\frac{2\pi K_b h(p_w-p_d)}{\mu\cdot\ln\left(\frac{r_d}{r_w}\right)}(1-C)t=\frac{2\pi K_b h\Delta p}{\mu\cdot\ln\left(\frac{r_d}{r_w}\right)}(1-C)t \tag{3.25}$$

式（3.25）为不可压缩泥饼滤失量的计算公式，事实上泥饼都是可压缩的，对式（3.25）进行修正，根据《钻井液工艺学》中现有的修正公式（$V_f\infty\Delta p^x$），从而得到：

$$Q=\frac{2\pi K_b h\Delta p^x}{\mu\cdot\ln\left(\frac{r_d}{r_w}\right)}(1-C)t \tag{3.26}$$

上述式中，A 为渗流面积，cm^2；Q 为滤失量，mL；K_b 为内泥饼渗透率，mD；h 为地层厚度，m；μ 为流体的黏度，mPa·s；x 为压力对泥饼的可压缩性，x 越小，泥饼可压缩性越好。

一般来说，黏土，$x=0.205$；页岩，$x=0.084$；膨润土，$x=0$。

将式（3.25）代入式（3.14），且 $q=Au=2\pi rhu$，得到：

$$\frac{dr}{dt}=-\frac{K_b\Delta p(C-C_1)}{r\mu\phi(1-\phi_b)(1-C+C_1)\ln\left(\frac{r_d}{r_w}\right)} \tag{3.27}$$

积分得到：

$$r=\sqrt{\frac{K_b\Delta pC}{\mu\phi(1-\phi_b)(1-C+C_1)\ln\left(\frac{r_d}{r_w}\right)}}\cdot t^{\frac{1}{2}} \tag{3.28}$$

式（3.28）即为平面径向流内泥饼的形成公式，它描述了随着时间的延长，内泥饼的形成厚度；而且可以得出内泥饼的厚度与滤液浓度及时间成正比，与滤液黏度及孔隙度成反比的结论。

式（3.15）即是静态条件下外泥饼的形成公式，在此基础之上进行修正得到动态条件下外泥饼的形成公式。

假设泥饼的总厚度为“1”，则在形成过程中，泥饼的变化满足：

$$\frac{dr}{dt}=-\frac{q(C-C_1)}{2\pi rh(1-\phi_c)(1-C+C_1)}(1-\alpha U_m) \tag{3.29}$$

式中，α 为系数，其值为泥饼达到动态平衡时，极限流速 U_m 的倒数，无量纲；U_m 为环空中钻井液的平均流动速度，m/s。

泥饼达到动态平衡，也就是说，泥饼的形成速度=冲刷速度，即泥饼形成时，颗粒的摩擦阻力（降落在泥饼上的压差形成的阻力）与本身的重力之和不大于钻井液的剪切力 t 与浮力之和时即为极限速度，图 3.7 即为其受力分析图。

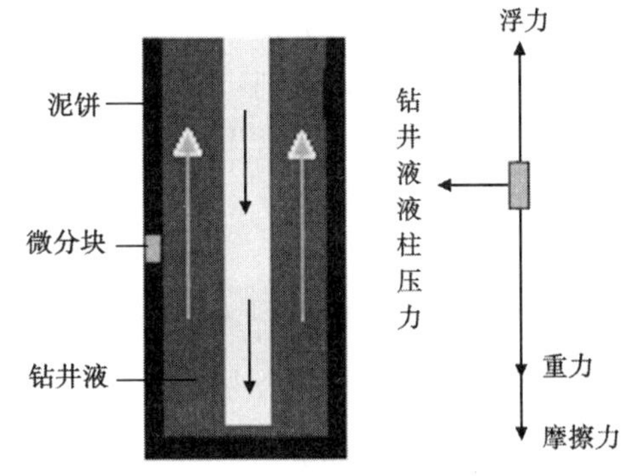

图 3.7　微分块的受力分析图

即：

$$\tau=\mu U_{\mathrm{f}}=\rho_{固相}gv+F_{摩}-\rho_{钻井液}gv \tag{3.30}$$

从而得到：

$$\frac{1}{U_{\mathrm{f}}}=\frac{\mu}{\rho_{固相}gv+F_{摩}-\rho_{钻井液}gv} \tag{3.31}$$

即式（3.29）中：

$$\alpha=\frac{1}{U_{\mathrm{f}}}=\frac{\mu}{\rho_{固相}gv+F_{摩}-\rho_{钻井液}gv} \tag{3.32}$$

钻井液在环空中的平均流速：

$$U_{\mathrm{m}}=\frac{q_{\mathrm{m}}}{\pi(r_{\mathrm{w}}^2-r_{钻}^2)} \tag{3.33}$$

式中，q_m 为泵入井内的钻井液平均速度，L/s；g 为重力加速度；v 为沉降速度；$r_{钻}$ 为钻杆外径，cm。

将式（3.25）、式（3.32）、式（3.33）代入式（3.29）得：

$$\frac{\mathrm{d}r}{\mathrm{d}t}=-\frac{K_{\mathrm{c}}\Delta p(C-C_1)}{r\mu\ln\left(\frac{r_{\mathrm{d}}}{r_{\mathrm{w}}}\right)(1-\phi_{\mathrm{c}})(1-C+C_1)}\left(1-\frac{\mu}{\rho_{固相}gv+F_{摩}-\rho_{钻井液}gv}\cdot\frac{q_{\mathrm{m}}}{\pi(r_{\mathrm{w}}^2-r_{钻}^2)}\right) \tag{3.34}$$

忽略 C_1 整理得到：

$$\frac{\mathrm{d}r}{\mathrm{d}t}=-\frac{K_{\mathrm{c}}\Delta pC}{r\mu\ln\left(\frac{r_{\mathrm{d}}}{r_{\mathrm{w}}}\right)(1-\phi_{\mathrm{c}})(1-C)}\left(1-\frac{\mu}{\rho_{固相}gv+F_{摩}-\rho_{钻井液}gv}\cdot\frac{q_{\mathrm{m}}}{\pi(r_{\mathrm{w}}^2-r_{钻}^2)}\right) \tag{3.35a}$$

将式（3.7）代入上式积分整理得：

$$r=\frac{100\phi_{c}d}{713(1-\phi_{c})^{2}}\cdot\sqrt{\frac{\phi_{c}\Delta pC}{K''\mu\ln\frac{r_{d}}{r_{w}}(1-\phi_{c})(1-C)}\left(1-\frac{\mu}{\rho_{固相}gv+F_{摩}-\rho_{钻井液}gv}\cdot\frac{q_{m}}{\pi(r_{w}^{2}-r_{钻}^{2})}\right)}\cdot t^{\frac{1}{2}}\tag{3.35b}$$

由于重力和浮力相对于摩擦力和剪切力来说小得多，即 $G<F_{摩}$，$F_{浮}<F_{摩}$，而且重力和浮力相互抵消，因而得到：

$$r=\frac{100\phi_{c}d}{713(1-\phi_{c})^{2}}\cdot\sqrt{\frac{\phi_{c}\Delta pC}{K''\mu\ln\frac{r_{d}}{r_{w}}(1-\phi_{c})(1-C)}\left(1-\frac{\mu q_{m}}{F_{摩}\pi(r_{w}^{2}-r_{钻}^{2})}\right)}\cdot t^{\frac{1}{2}}\tag{3.35c}$$

式（3.35c）即为动态过程中外泥饼厚度的方程，简化后可以明显看出，外泥饼厚度与固相颗粒粒径、压差及时间成正比，与黏度成反比。式（3.35c）的具体分析与计算见模型结果验证。

3.3.3 不可压缩内泥饼的形成及滤失量的数学模型

这里考虑的是不存在外泥饼的情况下，只是针对内泥饼进行研究，这样就可以忽略在形成内泥饼时也形成外泥饼的过程，减少了在模型推导过程中所带来的过多因素的影响，不仅简化了推导过程，而且结果不会改变。

假设：（1）地层均质，形成的内外泥饼均匀；（2）不考虑外泥饼，只考虑内泥饼的形成，即只考虑颗粒在地层中的沉积过程。

内泥饼的形成特性与钻井液中固相颗粒的粒度范围和浓度有密切关系。如果地层孔隙内部被颗粒桥堵后仍允许流体以较低流速通过，那么随着比地层孔隙入口小的黏土或其他颗粒从流经孔隙的钻井液中滤出，桥堵点上游的空间有可能被这些固相颗粒逐级填满。固相颗粒群的粒径越小，形成的内泥饼饱和度（内泥饼段固相颗粒充填的程度称为内泥饼饱和度）越大，内泥饼越厚；反之，越松散。只有当固相颗粒粒度分布与岩石孔隙入口大小分布相匹配时，才能达到最优桥堵。

内泥饼的形成过程本质是颗粒在地层中的沉积过程，假设内泥饼形成后不再有滤液渗入地层，考虑一长度为 dx、截面积为 A 的地层体积单元，在单元内有平衡方程：颗粒增量=流进颗粒量-流出颗粒量。对于深层过滤，有：

$$\frac{\partial\theta}{\partial t}+U\frac{\partial C}{\partial L}-\frac{\partial^{2}\theta}{\partial^{2}L}=0\tag{3.36}$$

式中，θ 为单位体积地层截留的悬浮物量，即特征沉积量，无量纲；t 为过滤时间，s；C 为滤层深度为 L 处液相中的悬浮物体积分数，%；U 为过滤速度，cm/s；L 为滤层深度，cm。

当固相颗粒直径大于 1μm 时扩散系数 D 可以忽略，则公式简化为：

$$\frac{\partial \theta}{\partial t} + U\frac{\partial C}{\partial L} = 0 \tag{3.37}$$

对于固相颗粒浓度衰减率$\frac{\partial C}{\partial L}$，在深层过滤理论中表示为：

$$\frac{\partial C}{\partial L} = G(\lambda,\ C,\ \theta) \tag{3.38}$$

式中，λ 为过滤系数，无量纲。

在稳流状态下，滤液在流过弯曲的孔隙喉道时，悬浮颗粒会与孔隙壁相撞，当某些颗粒直径大于喉道直径时会被阻留下来，使得有效喉道尺寸变小，从而使得后继颗粒随之被阻留下来，这种作用称为过滤，不同岩性的地层过滤作用不同，过滤系数即由此产生。

联合式（3.20）、式（3.21），求解很困难，根据 Shekhtman 提出的模式并根据多孔介质中固相颗粒运移沉积的特点，则有：

$$G(\lambda,\ C,\ \theta) = -\lambda(1 + f\theta)C \tag{3.39}$$

式中，f 为沉积系数，无量纲。

悬浮液中固相颗粒在重力作用下总有下沉的趋势，在渗流过程中，尤其是孔喉及孔喉附近会沉积下来造成孔喉堵塞，它与固相颗粒浓度、粒径以及地层孔隙度有关。

联合式（3.21）、式（3.22）和式（3.23），边界条件和初始条件为：当 $x=0$ 时，$C=C_0$；$t=0$ 时，$q=0$。得到：

$$\frac{C}{C_0} = \frac{e^{-\lambda fUC_0t}}{e^{-\lambda fUC_0t} + e^{\lambda L} - 1} \tag{3.40}$$

内泥饼形成后，不再有滤液侵入地层，根据物质平衡有：

$$dV_s = (dV_l + dV_s)C \tag{3.41}$$

$$dV_s = dV_l\frac{C}{1 - C} \tag{3.42}$$

即钻井液中的固相颗粒全部沉积，从而得到：

$$Q_{总} = \frac{1 - C}{C}\{\phi(1 - \phi_b)(r_b^2 - r_w^2) + \pi[r_w^2 - (r_w - L)^2]\phi_c\} \tag{3.43}$$

根据经验公式，滤液侵入半径为：

$$R_{in} = \sqrt{r_b^2 + \frac{Q_{总}}{\pi h\phi}} \tag{3.44}$$

上述式中，dV_s 为固相颗粒沉积量，无量纲；dV_l 为滤失量，mL；C 为钻井液中固相颗粒的体积分数，%；$Q_{总}$ 为总的滤失量，mL；R_{in} 为滤液侵入半径，cm；r_b 为桥堵带厚度，cm；r_w 为井眼半径，cm；K 为地层渗透率，mD；K_c 为外泥饼渗透率，mD。

式（3.40）反映了浓度的变化规律，其中包含了浓度与时间的关系、与滤层厚度的关系，还有渗流速度及沉积系数的数学关系，具体分析见模型结果验证。

3.3.4 模型结果验证

模型的建立是为了指导现场的应用，模型的结果将直接影响现场的施工，好的模型不仅能够提供技术支持，还能够减少很多不必要的损失，因此模型验证是必不可少的部分。下面针对3类不同模型分别进行验证。

3.3.4.1 不可压缩线性模型泥饼渗透率公式验证

针对不可压缩线性外泥饼渗透率进行特殊验证，它的渗透率公式本身为一数值方法解决的问题，这里仍然采用逼近的方法对其进行验证。对于无量纲系数 K''，一般砂岩地层的取值为5。

表3.2和图3.8是在密度为1.85g/cm^3 的聚磺体系中添加微米级材料的实验结果。由此可以看出，钻井液中固相颗粒的粒径大小在很大程度上决定了泥饼渗透率的大小。固相颗粒的平均粒径越大，渗透率越大，形成的泥饼越疏松，质量差；相反，固相颗粒平均粒径越小，渗透率越低，泥饼越致密，质量越好，对稳定井壁和保护油气层有很大的意义。实验还发现，在固相颗粒粒级搭配合适的情况下，渗透率更低，泥饼更致密，质量更好。因此，钻井液中微粒子的引入对稳定井壁和保护油气层有着十分重要的影响。

表3.2 泥饼渗透率与固相颗粒粒径的关系

序号	系数 K''	固相颗粒粒径 d (μm)	孔隙度 ϕ_c (%)	泥饼渗透率 K_c (10^{-6}D)
1	5	20	3	47.994
2	5	15	3	26.997
3	5	10	3	11.998
4	5	5	3	2.999
5	5	1	3	0.1199
6	5	20	2	13.6489
7	5	15	2	7.677
8	5	10	2	3.412
9	5	5	2	0.836
10	5	1	2	0.034

注：模拟时的水基钻井液为聚磺体系，密度为1.85g/cm^3，泥饼厚度为3.5mm。

3.3.4.2 不可压缩径向模型滤失量公式验证

大量实验研究结果表明，一般性钻井液的泥饼渗透率为10^{-5}D级；未处理的淡水钻井液泥饼渗透率为10^{-6}D级；用分散性处理剂处理的钻井液，泥饼的渗透率为10^{-7}D级；一般情况下，泥饼的渗透率均至少比地层渗透率小一个数量级。选择性对式（3.26）进行试验

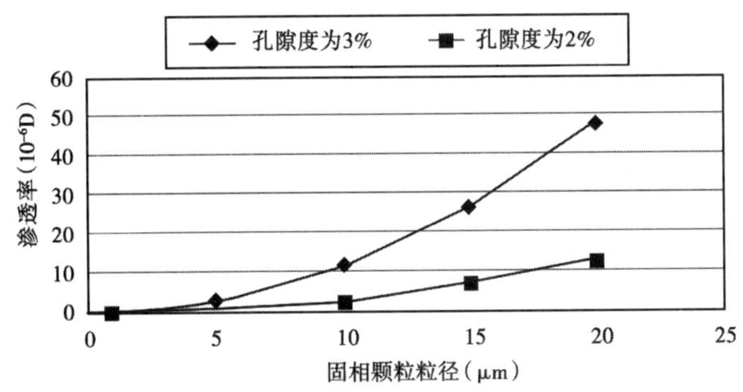

图 3.8　固相颗粒粒径与泥饼渗透率的关系图

验证，根据模拟现场数据（以某一地层为例），考察它与实际情况的符合程度。

考察了不同条件下滤失量与各个参数之间的变化关系以及对滤失量的影响情况。表 3.3 反映了滤失量与压差之间的关系，可以看出，当压差增大时，滤失量随之增大，而且压差越大滤失量越大，但随后压差对滤失量的影响程度不断减弱。不同固相颗粒浓度下，滤失量不同，浓度越大，滤失量越小，如图 3.9 所示。

表 3.3　滤失量与压差的变化关系

序号	外泥饼渗透率（mD）	地层厚度（m）	时间（h）	固相浓度（%）	侵入半径（cm）	井眼半径（cm）	滤液黏度（mPa·s）	压力对泥饼的可压缩性 x	压差（MPa）	滤失量（mL）
1	10^{-2}	5	5	5	18	15	20	0.2	0.5	2.035
2	10^{-2}	5	5	5	18	15	20	0.2	2	2.685
3	10^{-2}	5	5	5	18	15	20	0.2	5	3.225
4	10^{-2}	5	5	5	18	15	20	0.2	8	3.543
5	10^{-2}	5	5	10	18	15	20	0.2	0.5	1.928
6	10^{-2}	5	5	10	18	15	20	0.2	2	2.544
7	10^{-2}	5	5	10	18	15	20	0.2	5	3.055
8	10^{-2}	5	5	10	18	15	20	0.2	8	3.357
9	10^{-2}	5	5	15	18	15	20	0.2	0.5	1.809
10	10^{-2}	5	5	15	18	15	20	0.2	2	2.387
11	10^{-2}	5	5	15	18	15	20	0.2	5	2.867
12	10^{-2}	5	5	15	18	15	20	0.2	8	3.149

由表 3.4 可以看出，滤失量随着渗透率的增大而增大，而在不同压差下，对应的滤失量也不同，压差越大，滤失量也越大，直观表述如图 3.10 所示；随着时间延长，渗透率增大，滤失量也不断增大。

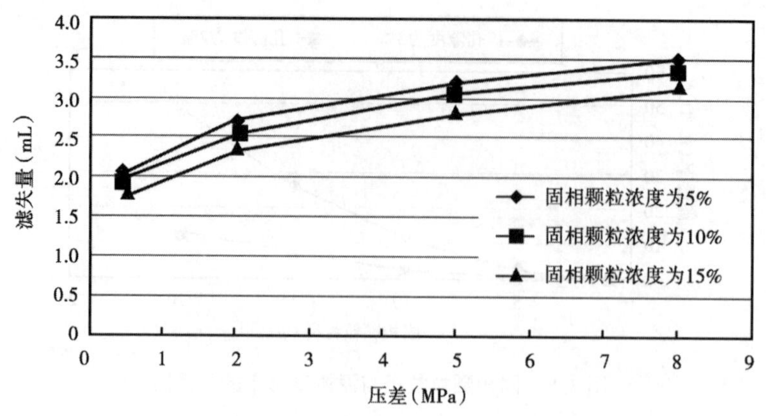

图 3.9　压差对滤失量的影响

表 3.4　滤失量与渗透率的变化关系

序号	外泥饼渗透率（mD）	地层厚度（m）	压差（MPa）	时间（h）	侵入半径（cm）	井眼半径（cm）	滤液黏度（mPa·s）	压力对泥饼的可压缩性 x	固相浓度（%）	滤失量（mL）
1	5×10^{-4}	5	2	5	18	15	20	0.2	5	0.134
2	1×10^{-3}	5	2	5	18	15	20	0.2	5	0.268
3	2×10^{-3}	5	2	5	18	15	20	0.2	5	0.537
4	4×10^{-3}	5	2	5	18	15	20	0.2	5	1.074
5	5×10^{-4}	5	5	5	18	15	20	0.2	5	0.161
6	1×10^{-3}	5	5	5	18	15	20	0.2	5	0.322
7	2×10^{-3}	5	5	5	18	15	20	0.2	5	0.645
8	4×10^{-3}	5	5	5	18	15	20	0.2	5	1.290
9	5×10^{-4}	5	8	5	18	15	20	0.2	5	0.177
10	1×10^{-3}	5	8	5	18	15	20	0.2	5	0.354
11	2×10^{-3}	5	8	5	18	15	20	0.2	5	0.708
12	4×10^{-3}	5	8	5	18	15	20	0.2	5	1.417

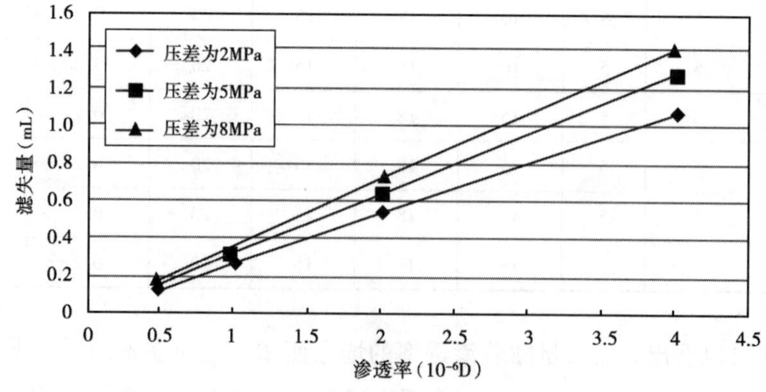

图 3.10　渗透率对滤失量的影响

借助数据验证得出的结果分析，总结的规律符合现场实际情况。如果其他条件不变，则得出的滤失量与时间、压差及渗透率的关系基本是线性关系，由图 3. 10 可以看出，滤失量与压差、时间及渗透率成正比，随着固相颗粒体积分数的增大而减少。

3. 3. 4. 3　不可压缩径向模型泥饼厚度公式验证

国内外研究者对钻井液的润滑性能进行了评价，得出的结论是：空气与油处于润滑性的两个极端位置，而水基钻井液的润滑性处于其间，用 Baroid 公司生产的钻井液极压润滑仪测定了 3 种基础流体的摩阻系数（钻井液摩阻系数相当于物理学中的摩擦系数），空气为 0. 5，清水为 0. 35，柴油为 0. 07。在配制的 3 类钻井液中，大部分油基钻井液的摩阻系数为 0. 08～0. 09，各种水基钻井液的摩阻系数为 0. 2～0. 35，如加有油品或各类润滑剂，则可以降到 0. 1 以下。在该模型公式的验证过程中假设摩阻系数为 0. 3。

选择性对式（3. 35c）进行验证。模拟现场数据，代入式（3. 35c），根据现场的施工情况，假定其他条件不变，泥饼厚度与固相颗粒粒径成反比，即粒径越小，泥饼厚度越薄越致密，随着固相颗粒粒径的不断变小，它对泥饼厚度的影响程度不断减弱，在固相颗粒粒径为 2μm 时基本上达到了极限，即其影响程度几乎不再改变，表 3. 4 为实验数据，结果如图 3. 11 所示，其结果反映了随着压差不断变大，泥饼厚度也不断增厚，但其影响效果没有固相颗粒粒径的影响效果明显，表 3. 5 和图 3. 11 也直接反映了这一结论。

表 3. 5　泥饼厚度与固相颗粒直径的变化关系

序号	压差（MPa）	浓度（%）	黏度（mPa · s）	外泥饼孔隙度（%）	侵入半径（cm）	井眼半径（cm）	排量（L/s）	时间（h）	固相颗粒直径（μm）	泥饼厚度（mm）
1	4	5	40	1	18	15	30	2	20	0. 986
2	4	5	40	1	18	15	30	2	15	0. 740
3	4	5	40	1	18	15	30	2	10	0. 493
4	4	5	40	1	18	15	30	2	5	0. 246
5	4	5	40	1	18	15	30	2	2	0. 098
6	8	5	40	1	18	15	30	2	20	1. 395
7	8	5	40	1	18	15	30	2	15	1. 046
8	8	5	40	1	18	15	30	2	10	0. 697
9	8	5	40	1	18	15	30	2	5	0. 348
10	8	5	40	1	18	15	30	2	2	0. 139
11	12	5	40	1	18	15	30	2	20	1. 709
12	12	5	40	1	18	15	30	2	15	1. 282
13	12	5	40	1	18	15	30	2	10	0. 854
14	12	5	40	1	18	15	30	2	5	0. 427
15	12	5	40	1	18	15	30	2	2	0. 170

在其他条件不变的情况下，随着时间延长，泥饼厚度随之增厚，其结果见表 3. 6。从表 3. 6中还可以看出，随着时间的不断延长，其对泥饼厚度的影响不断减弱。如图 3. 12 所示，从发展趋势来看，泥饼厚度将会在某一时刻达到平衡，不再增厚。另外，表 3. 6 和图

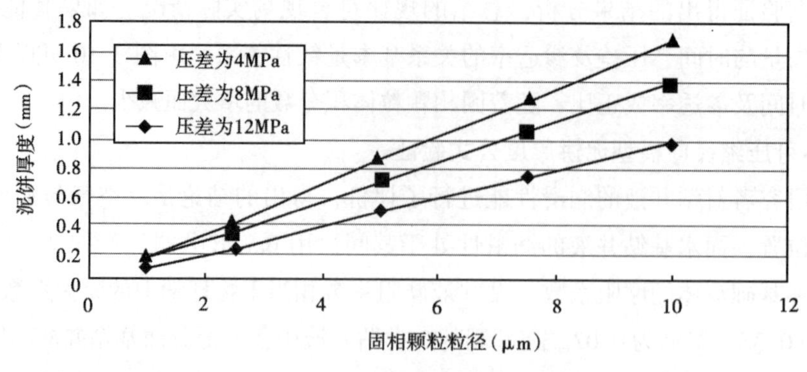

图 3.11 粒径对泥饼厚度的影响

3.12 的实验结果还可以间接地反映出压差、粒径以及时间对泥饼厚度的影响，其中粒径对泥饼的影响最为明显，表 3.4 也证实了这一结论。

表 3.6 泥饼厚度与时间的变化关系

序号	压差（MPa）	浓度（%）	黏度（mPa·s）	外泥饼孔隙度（%）	侵入半径（cm）	井眼半径（cm）	排量（L/s）	时间（h）	固相颗粒直径（μm）	泥饼厚度（mm）
1	2	5	40	1	18	15	30	2	5	0.123
2	2	5	40	1	18	15	30	5	5	0.194
3	2	5	40	1	18	15	30	8	5	0.246
4	2	5	40	1	18	15	30	15	5	0.337
5	2	5	40	1	18	15	30	20	5	0.389
6	4	5	40	1	18	15	30	2	5	0.174
7	4	5	40	1	18	15	30	5	5	0.275
8	4	5	40	1	18	15	30	8	5	0.348
9	4	5	40	1	18	15	30	15	5	0.477
10	4	5	40	1	18	15	30	20	5	0.550
11	8	5	40	1	18	15	30	2	5	0.246
12	8	5	40	1	18	15	30	5	5	0.389
13	8	5	40	1	18	15	30	8	5	0.493
14	8	5	40	1	18	15	30	15	5	0.674
15	8	5	40	1	18	15	30	20	5	0.779

通过数据验证及图示分析得出，泥饼厚度随着压差的增大不断增大，随着固相颗粒粒径的增大而增大，事实上，当增加到一定值时，泥饼的厚度不再增加，处于动态平衡。

数据验证结果表明，动态条件下，外泥饼厚度与颗粒粒径、压差及时间都成正比，而且这 3 个影响因素当中，压差的影响最小，当固相颗粒的粒径小于 10μm 时，总体的泥饼厚度比较薄，效果好。也就是说，微粒子充填剂的加入，进一步改善了泥饼质量，与数学模型数据基本一致。

以上模型未能囊括所有的泥饼质量特性参数之间的关系，原因是推导烦琐，边界条件的不确定性，求解困难，可操作性差，实际应用意义不大。因此，模型主要就不可压缩线性、

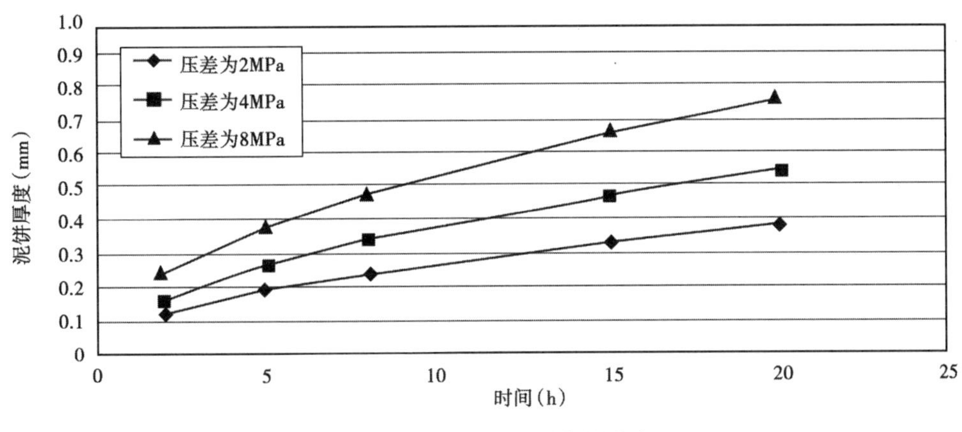

图 3.12　时间对泥饼厚度的影响

径向泥饼质量的相关关系，建立起泥饼渗透率、厚度、滤失量等最关键质量特性参数的数学模型，反映了它们与固相颗粒粒径大小、浓度、时间、压差等因素之间的关系，证实了高密度水基钻井液在泥饼形成过程中，要使形成的泥饼薄，致密程度更好（渗透率更低），固相颗粒的影响最为突出，必须引入最后一级的最小填充粒子，即 1～10μm 的固相颗粒，它是决定泥饼最终渗透率和致密程度的关键因素。这一结论可依据模型结果得以证实：当高密度（1.85g/cm^3）水基钻井液中加入粒径小于 10μm 的固相颗粒后泥饼厚度介于0.05～1.70mm 之间，泥饼厚度大大减薄，从泥饼质量特性参数相互关系不难看出，与其相关的弹塑性、强度等质量参数也必然相应变好。也就是说，加入最后一级的最小填充粒子即 1～10μm 的微粒子填充剂，可有效改善泥饼质量整体特性，对稳定井壁和保护油气层具有很好的潜在效果。

3.4　影响泥饼质量特性的因素分析

前面对泥饼形成的影响因素进行了理论分析，这些因素同样影响泥饼质量参数及其整体特性。对于泥饼质量特性而言，除温度、压力有一定影响之外，最为直接的影响因素是钻井液组成与组分。下面就这些影响因素进行具体分析、研究。

实验中泥饼质量参数都是采用 DL–Ⅱ型泥饼测试仪获取的，其测试曲线如图 3.13 所示。

3.4.1　体系的影响

一般情况下，高密度水基钻井液主要是由黏土、处理剂、加重剂及少量的无机盐类所构成。其中，黏土所起到的作用是在分散介质中形成空间网架结构，即所谓的卡片房子结构；处理剂主要通过与黏土吸附作用，发挥各自的作用效能，改变和控制钻井液中黏土颗粒的聚集状态（分散度、级配等）及其与黏土之间形成的结构，建立并调控和影响钻井液体系性能；少量无机盐类所起的作用则是通过对黏土颗粒的直接或间接作用，直接作用就是压缩双电层，使水化膜变薄，间接作用就是使处理剂分子链卷曲、收缩，影响处理剂对黏土的吸附，两者作用的结果将影响黏土的分散度、粒度大小、级配，进而影响黏土自身

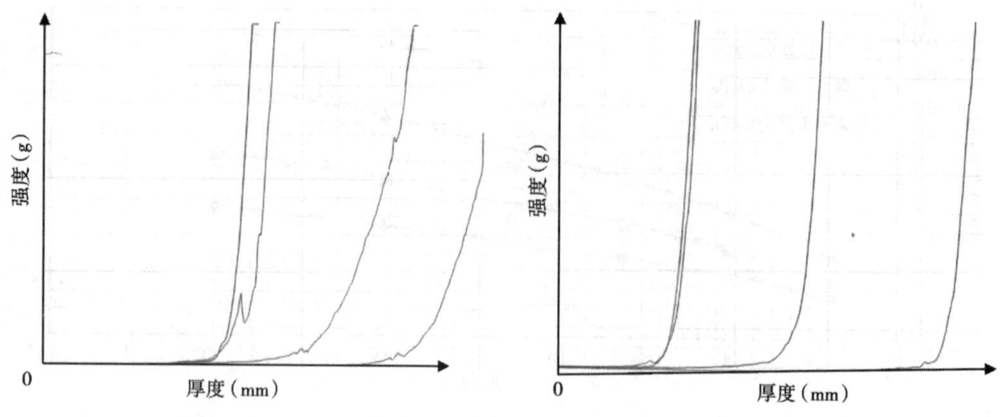

图 3.13　泥饼质量参数曲线

及其与处理剂之间结构的形成，最终影响钻井液体系的整体性能。处理剂、无机盐种类不同，它们对黏土的作用和影响也不相同。

黏土和处理剂、无机盐类之间的相互作用最为直观的表现形式就是黏土颗粒在钻井液中的分散程度、粒度大小和级配。在泥饼形成过程中黏土是一种不可缺少的组成部分，因此，研究不同分散程度的黏土构成的钻井液（即不同钻井液体系）形成的泥饼质量是很有必要的。

根据黏土的不同分散程度，大致将水基钻井液分为细分散钻井液、适度分散钻井液和不分散钻井液。其中，细分散钻井液为磺化处理剂体系，适度分散钻井液为聚磺处理剂体系，不分散钻井液为聚合物处理剂体系，体系中的主要功能处理剂恒定，只是在改变黏土颗粒分散度时引入了某种特性处理剂。就这些体系的泥饼质量参数进行了测量，其结果见表 3.7。

表 3.7　不同钻井液体系泥饼质量参数比较

体系	H_t（mm）		P_f（g）		K（10^{-6}D）		K_f		HTHP 滤失量（mL）
	API	HTHP	API	HTHP	API	HTHP	API	HTHP	
XN-X	1.342	2.550	1230	1700	33.58	9.87	0.1434	0.1377	23.5
XN-S	0.984	2.105	1590	1880	23.46	7.20	0.0838	0.0784	18.0
XN-C	1.615	2.937	1120	1500	59.05	37.84	0.1250	0.1178	32.6
XN-Y	0.990	2.028	1630	1920	24.64	7.32	0.0846	0.0803	14.0

注：（1）XN-X 为细分散磺化钻井液体系，XN-S 为适度分散两性离子聚磺钻井液体系，XN-C 为不分散两性离子聚合物钻井液体系，XN-Y 为适度分散两性离子聚磺盐水（20%NaCl）钻井液体系。

（2）所有体系均经受 150℃/16h 热滚作用，密度为 2.10g/cm^3。

（3）API、HTHP 实验条件分别为 50℃/0.7MPa/30min、150℃/3.5MPa/30min。

由表 3.7 可以看出，在相同条件下，泥饼厚度的规律为：适度分散钻井液体系<细分散钻井液体系<不分散钻井液体系。泥饼强度的规律为：适度分散钻井液体系>细分散钻井液体系>不分散钻井液体系。渗透率的规律为：适度分散钻井液体系<细分散钻井液体系<不分散钻井液体系。黏附系数（润滑性）的规律为：适度分散钻井液体系<不分散钻井液体系<细分散钻井液体系。由此可见，在相同条件下，适度分散钻井液体系泥饼薄，强度高，渗透率低而致密，黏附系数小，润滑性好，HTHP 滤失量小，泥饼质量好；细分散钻井液体

系泥饼质量较好、HTHP 滤失量较小；不分散钻井液体系泥饼质量较差，HTHP 滤失量高。适度分散钻井液体系表现出如此好的泥饼质量特性是由于固相颗粒（主要是黏土颗粒）适度分散、粒子大小与级配合理所致。根据这种规律与泥饼质量特性不难推断，适度分散钻井液体系（主要是聚磺淡水、盐水体系）特别适合于配制高温高密度水基钻井液，不分散钻井液体系最不适合配制高温高密度水基钻井液。

3.4.2 处理剂的影响

钻井液处理剂主要通过与黏土吸附作用发挥各自的作用效能而建立并调控钻井液体系性能，处理剂改变钻井液中黏土的聚集状态（分散度、级配等）及其与黏土之间形成结构都是吸附作用的必然结果，这种结果最终表现为对钻井液性能的影响。同类型不同种类的处理剂在环境条件改变时发挥的作用不同，同种类不同类型的处理剂发挥作用的功效也不相同，同时，处理剂作用的发挥还与体系中其他添加剂的配伍性相关，所有这些在泥饼形成过程中均会对泥饼质量特性产生直接或间接的影响。这里主要考察了包被剂、絮凝剂、稀释剂和降滤失剂对泥饼质量特性的影响。

3.4.2.1 包被剂

包被剂一般是指带有官能团的大分子聚合物，其作用机理为它通过吸附、包被等作用方式，与钻井液中的固相颗粒（尤其是黏土颗粒）形成空间网状结构，改变黏土颗粒分散度、粒子大小与级配，进一步影响泥饼质量特性。实验考察了包被剂 FA367 与 FV-2 对泥饼质量特性的影响，其结果见图 3.14、图 3.15 和表 3.8。

由图 3.14、图 3.15 的电镜扫描（SEM）图像可以看出，包被剂 FA367 与 FV-2 通过吸附、包被等作用方式，与钻井液中的固相颗粒黏土、重晶石之间可形成空间网状结构，其结果必然改变黏土颗粒分散度、粒子大小与级配，最终影响泥饼质量特性，其结果见表 3.8。

表 3.8 包被剂对泥饼质量的影响

配方	包被剂加量（%）	H_t（mm）		P_f（g）		K（10^{-6}D）		K_f		HTHP 滤失量（mL）
		API	HTHP	API	HTHP	API	HTHP	API	HTHP	
基浆	0	0.658	1.832	1600	1850	23.44	8.40	0.0852	0.0766	23.8
基浆+FA367	0.1	0.815	2.200	1410	1550	20.14	6.61	0.0744	0.0520	20.0
	0.3	1.058	2.400	1370	1400	17.33	4.92	0.0663	0.0433	18.6
	0.5	1.303	2.825	1050	1200	16.09	4.90	0.0557	0.0386	18.4
	0.7	1.523	3.105	930	1090	14.24	4.07	0.0487	0.0339	18.0
基浆+FV-2	0.1	0.905	2.187	1530	1640	21.45	7.05	0.0762	0.0587	19.0
	0.3	1.144	2.308	1230	1450	17.80	5.20	0.0700	0.0504	17.6
	0.5	1.376	2.748	1090	1220	16.33	5.02	0.0618	0.0497	17.4
	0.7	1.605	2.930	900	1100	15.87	4.71	0.0569	0.0433	17.2

注：(1) 0 代表基浆，基浆配方：3%土浆+5% SMP-Ⅱ+5% SPNH+5% SMC+1% SM-1+重晶石（密度为 2.10g/cm^3），以下同。

(2) 所有体系均经受 150℃/16h 热滚作用，密度为 2.10g/cm^3。

(3) API、HTHP 实验条件分别为 50℃/0.7MPa/30min、150℃/3.5MPa/30min。

图 3.14 包被剂 FA367（FV-2）与重晶石的作用

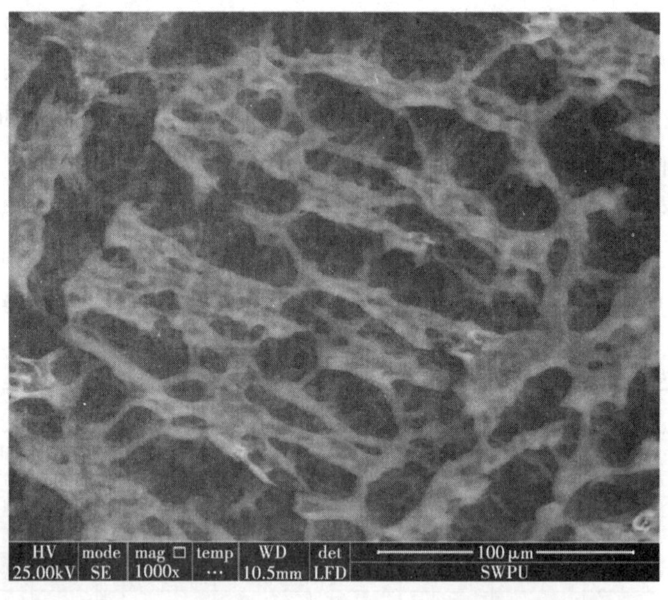

图 3.15 包被剂 FA367（FV-2）与黏土的作用

从表 3.8 可以看出，在钻井液体系中加入包被剂后泥饼质量特性发生了明显变化，影响突出，包被剂 FA367 与 FV-2 表现出的现象和规律一致。随着 FA367 与 FV-2 加量增加，钻井液体系泥饼厚度随之增厚，强度、渗透率、黏附系数等参数和 HTHP 滤失量随之降低。这显然是包被剂 FA367 和 FV-2 与固相颗粒之间形成网架结构和包被作用的结果，引起固相颗粒适度聚集，相比之下，泥饼略为变厚（增厚不明显），但颗粒大小与级配处于合理状态，因此，泥饼致密性较好，渗透率降低，HTHP 滤失量降低。结合图 3.14 和图 3.15 的 SEM 图像还可以看出，包被剂 FA367、FV-2 通过吸附、包被等作用方式在黏土颗粒表面形成一层膜结构，这层膜结构兼有填充孔隙与润滑的作用，因而，泥饼强度、黏附系数等参数表现出降低的趋势，润滑性变好。从整个泥饼质量特性和影响规律来看，包被剂 FA367 与 FV-2 的最佳加量为 0.3%。

3.4.2.2 絮凝剂

这里选取无机盐类 NaCl 与 KCl 作为絮凝剂，其主要作用机理是压缩双电层，使黏土颗粒水化膜变薄、聚结，改变其分散度、粒子大小、级配，进而影响钻井液泥饼质量特性。其结果见表 3.9。

表 3.9 絮凝剂对泥饼质量的影响

配方	絮凝剂加量（%）	H_t（mm）		P_f（g）		K（10^{-6}D）		K_f		HTHP 滤失量（mL）
		API	HTHP	API	HTHP	API	HTHP	API	HTHP	
基浆	0	0.658	1.832	1600	1850	23.44	8.40	0.0852	0.0766	23.8
基浆+NaCl	3	0.763	1.994	1510	1800	29.71	9.47	0.0744	0.0639	25.0
	5	0.974	2.102	1400	1720	33.65	11.19	0.0617	0.0486	28.6
	7	1.305	3.539	1250	1630	39.29	14.63	0.0437	0.0377	32.4
	20	1.939	4.508	940	1080	50.03	20.43	0.0267	0.0204	35.8
	30	2.177	5.230	810	910	59.47	25.74	0.0213	0.0185	45.6
基浆+KCl	3	0.944	2.002	1570	1830	30.10	9.87	0.0714	0.0603	29.0
	5	1.107	2.885	1420	1700	35.93	13.97	0.0633	0.0418	37.6
	7	1.450	3.615	1200	1460	40.70	17.04	0.0507	0.0348	42.4
	20	3.988	6.835	760	840	53.28	20.97	0.0236	0.0169	48.6
	30	4.315	8.133	520	600	60.49	31.04	0.0153	0.0087	58.4

从表 3.9 可以看出，加入无机絮凝剂 NaCl 与 KCl 后，对钻井液泥饼质量特性的影响很突出。随着 NaCl 与 KCl 加量增加，钻井液体系泥饼厚度随之增厚，最终强度、黏附系数随之减小，渗透率、HTHP 滤失量随之大增（图 3.16 至图 3.19）。这是由于加入无机絮凝剂 NaCl 与 KCl 后，压缩双电层，使水化膜减薄、聚集变大，颗粒大小与级配严重不合理，泥饼增厚疏松不致密所致。从数值上看，泥饼厚度较包被剂情况下的厚，渗透率和 HTHP 滤失量较包被剂情况下的高，泥饼强度和黏附系数较包被剂情况下的小。由此可见，无机絮

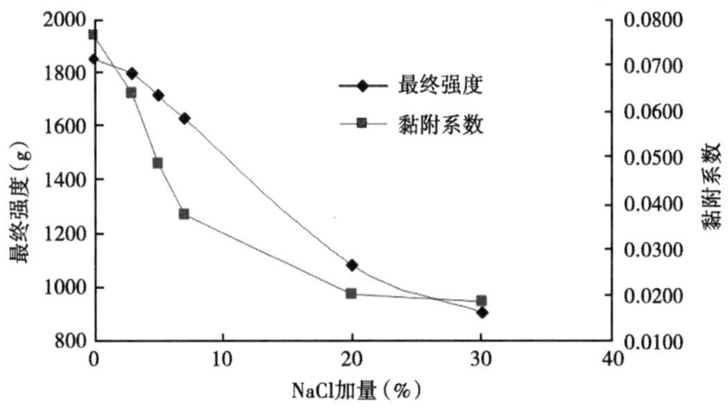

图 3.16 NaCl 对泥饼最终强度、黏附系数的影响

凝剂 NaCl 与 KCl 严重影响钻井液泥饼质量特性，且是负面的。因此，钻井液体系中若有无机絮凝剂 NaCl 与 KCl 存在，则必须引入抗盐能力较好的包被剂和护胶剂，使黏土颗粒适当形成结构，并有足够的亚微米粒子与合理级配。

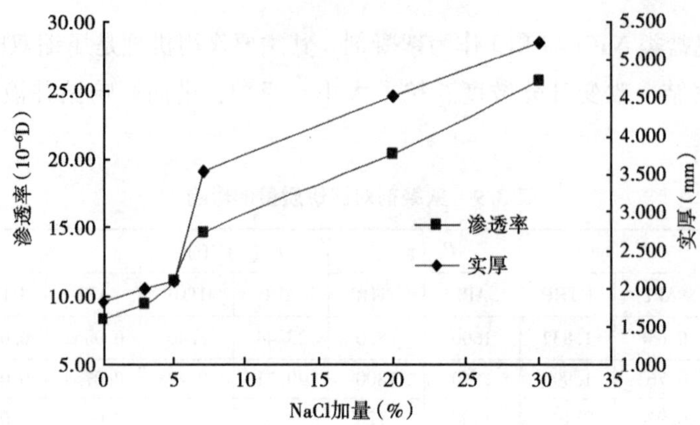

图 3.17　NaCl 对泥饼实厚、渗透率的影响

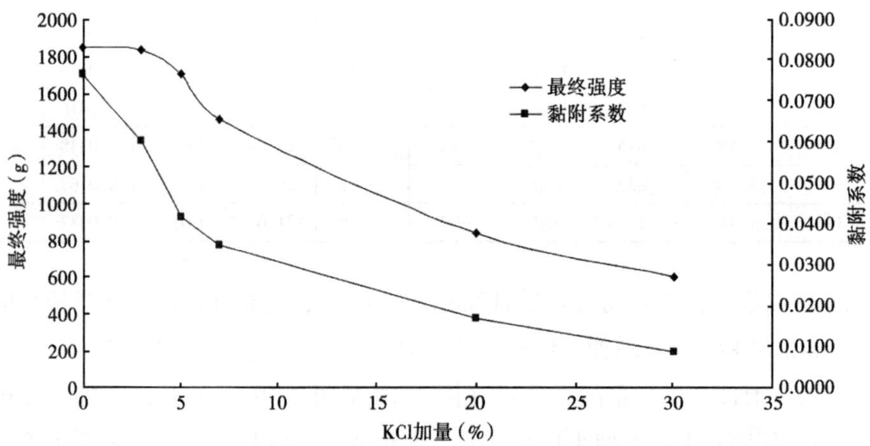

图 3.18　KCl 对泥饼最终强度、黏附系数的影响

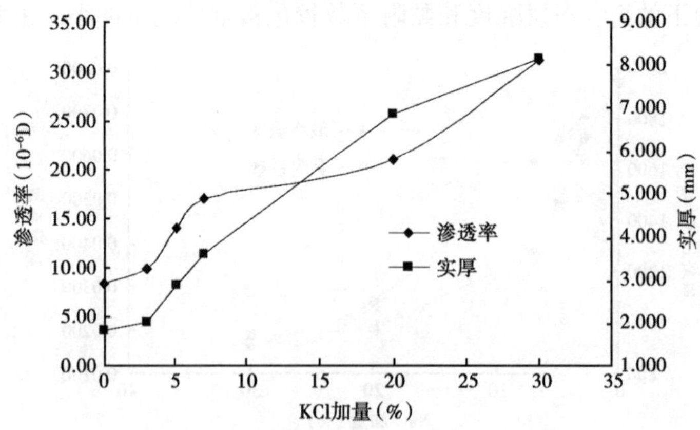

图 3.19　KCl 对泥饼实厚、渗透率的影响

3.4.2.3 稀释剂

稀释剂的作用有两方面：一方面稀释剂吸附在黏土颗粒端部表面，拆散结构而起稀释作用，另一方面稀释剂尤其是磺化类稀释剂（如 SMC）对黏土颗粒具有一定的分散作用。因此，稀释剂借助这两方面的协同作用，对泥饼质量特性的影响表现出与无机盐类絮凝剂相反的现象，其结果见表 3.10 及图 3.20 至图 3.23。出现这一规律与现象的根本原因在于稀释剂借助这两方面的协同作用，使钻井液体系保持部分结构，黏土颗粒部分分散，颗粒大小与级配合理。因此，与无机盐类絮凝剂相比，加入稀释剂后，泥饼减薄变得致密，渗透率降低，HTHP 滤失量降低，强度增大，泥饼质量整体特性变好，流变性无疑也将得以改善，这就是高密度水基钻井液体系中适当引入稀释剂（最好是聚合物抑制型稀释剂）的根本出发点。

表 3.10 稀释剂 XY-27 与 SMC 对泥饼质量的影响

配方	稀释剂加量（%）	H_t（mm）		P_f（g）		K（10^{-6}D）		K_f		HTHP 滤失量（mL）
		API	HTHP	API	HTHP	API	HTHP	API	HTHP	
基浆	0	0.658	1.832	1600	1850	23.44	8.40	0.0852	0.0766	23.8
基浆+XY-27	0.1	0.603	1.633	1690	1900	20.75	8.01	0.0975	0.0894	21.6
	0.3	0.573	1.420	1760	1930	17.08	6.89	0.1090	0.0923	19.8
	0.5	0.550	1.379	1840	1970	16.04	5.13	0.1156	0.1033	18.6
	0.7	0.523	1.277	1900	2000	15.48	4.76	0.1307	0.1862	18.2
基浆+SMC	1.0	0.621	1.704	1650	1910	20.36	7.75	0.0966	0.0920	20.0
	3.0	0.585	1.534	1720	1940	17.15	6.28	0.1127	0.1063	19.2
	5.0	0.520	1.355	1800	1990	15.34	5.54	0.1217	0.1108	18.8
	7.0	0.463	1.297	1860	2100	12.99	4.21	0.1366	0.1189	18.2

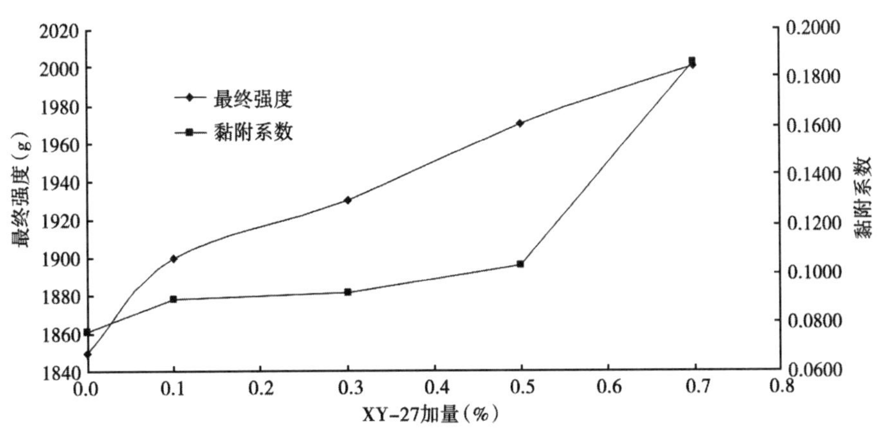

图 3.20 XY-27 对泥饼最终强度、黏附系数的影响

3.4.2.4 降滤失剂

实验考察了降滤失剂 SMP-Ⅲ、JT888 和 SPNH（SPNH 有一定降滤失作用）对泥饼质

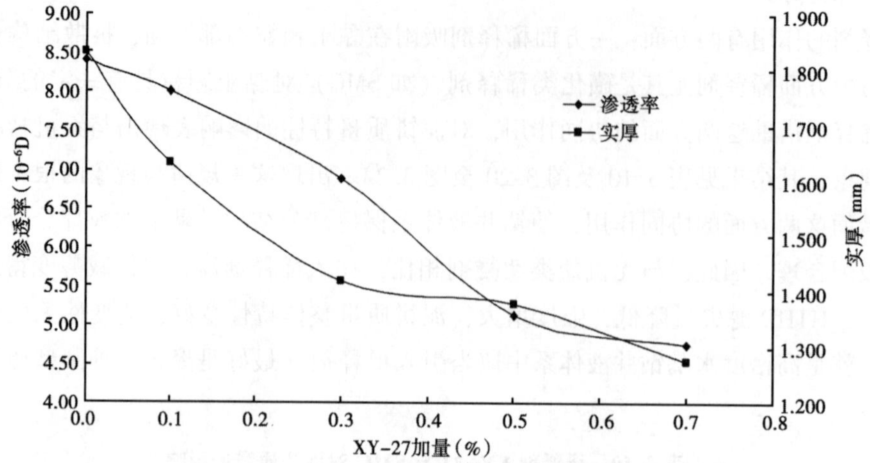

图 3.21　XY-27 对泥饼实厚、渗透率的影响

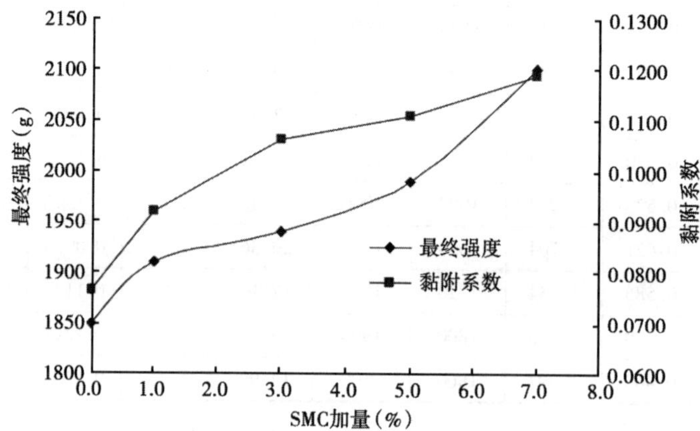

图 3.22　SMC 对泥饼最终强度、黏附系数的影响

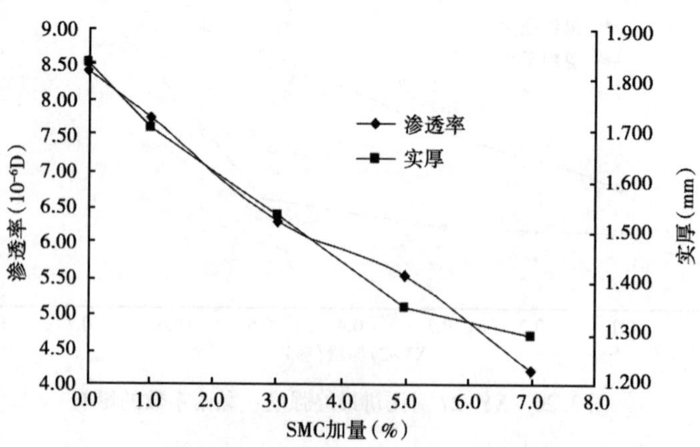

图 3.23　SMC 对泥饼实厚、渗透率的影响

量的影响，其结果见表 3.11 及图 3.24 至图 3.29。

表 3.11　降滤失剂对泥饼质量的影响

配方	降滤失剂加量（%）	H_t（mm）		P_f（g）		K（10^{-6}D）		K_f		HTHP 滤失量（mL）
		API	HTHP	API	HTHP	API	HTHP	API	HTHP	
基浆	0	0.658	1.832	1600	1850	23.44	8.40	0.0852	0.0766	23.8
基浆+SMP-Ⅲ	1	0.655	1.790	1608	1852	22.23	8.14	0.0738	0.0655	21.4
	3	0.637	1.763	1620	1870	20.64	8.07	0.0722	0.0647	16.6
	5	0.494	1.325	1740	1930	16.34	5.47	0.0703	0.0623	14.8
	7	0.441	1.219	1800	1970	14.87	4.66	0.0655	0.0579	12.2
基浆+SPNH	1	0.657	1.735	1602	1850	23.67	8.37	0.0754	0.0644	22.6
	3	0.655	1.728	1618	1853	23.53	8.29	0.0724	0.0599	22.0
	5	0.639	1.713	1630	1876	19.04	6.73	0.0717	0.0548	21.8
	7	0.564	1.708	1710	1920	17.33	5.41	0.0657	0.0500	19.8
基浆+JT888	0.1	0.658	1.821	1600	1650	23.33	8.40	0.0835	0.0762	23.0
	0.2	0.656	1.812	1610	1620	22.18	8.33	0.0816	0.0773	21.6
	0.3	0.647	1.789	1708	1670	22.17	8.22	0.0807	0.0763	20.8
	0.4	0.638	1.767	1740	1790	21.57	7.83	0.0768	0.0744	20.0

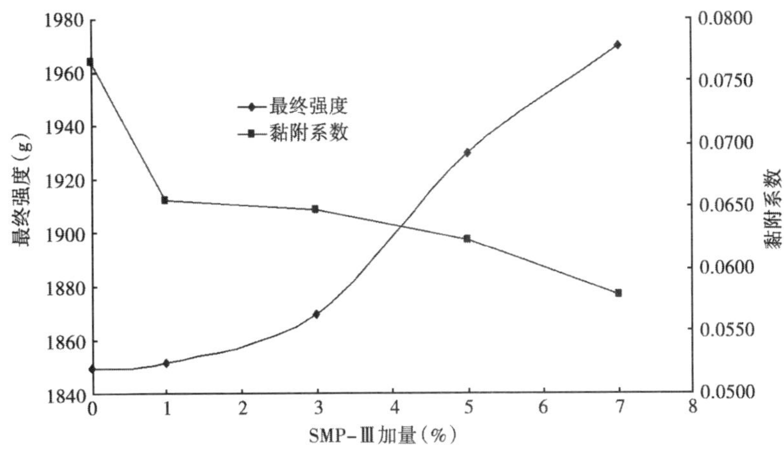

图 3.24　SMP-Ⅲ对泥饼最终强度、黏附系数的影响

由表 3.11 实验结果可知，加入降滤失剂后，对钻井液泥饼质量特性有一定影响，这种影响是正面的。随着降滤失剂加量增加，钻井液体系泥饼厚度随之减薄，强度随之增大，黏附系数、渗透率和 HTHP 滤失量随之减小。实验还发现，SMP-Ⅲ改善泥饼质量、降低滤失的功效较 JT888 与 SPNH 好，总体效果 SMP-Ⅲ>SPNH >JT888，这是由于 SMP-Ⅲ本身抗高温能力较 JT888 强，自然在高温作用下 SMP-Ⅲ护胶能力较 JT888 强，SPNH 抗高温能力强，具有一定降滤失功效，但主要起稀释作用，因此，从改善泥饼质量角度来看，JT888 与 SPNH 总体不如 SMP-Ⅲ。加入降滤失剂，一方面可提高滤液黏度、降低滤失速度；另一方

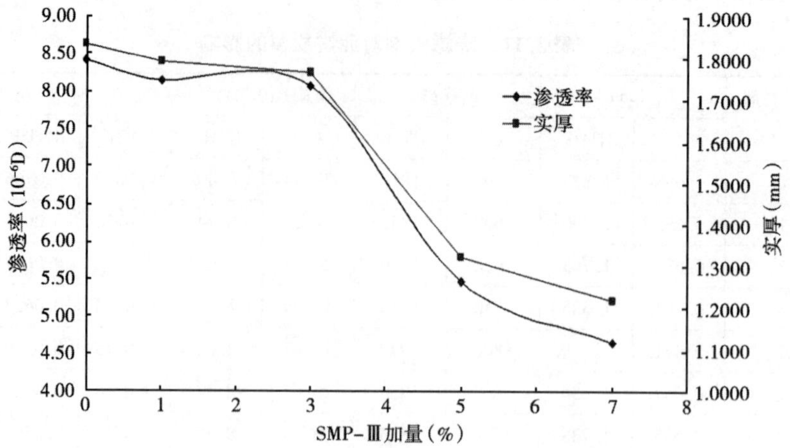

图 3.25　SMP-Ⅲ对泥饼实厚、渗透率的影响

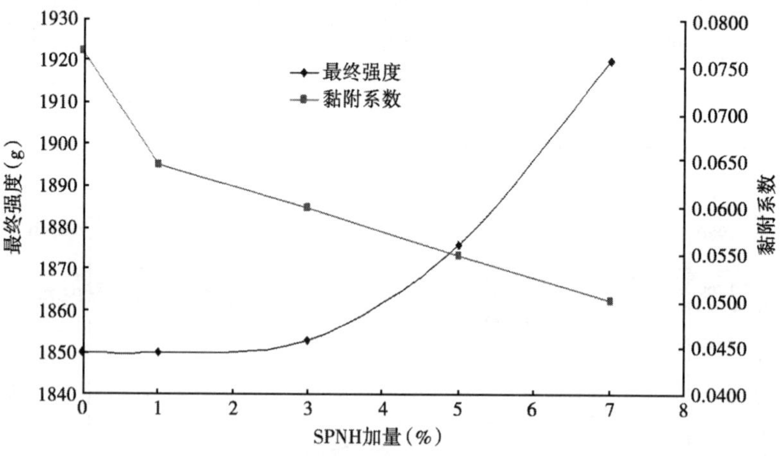

图 3.26　SPNH 对泥饼最终强度、黏附系数的影响

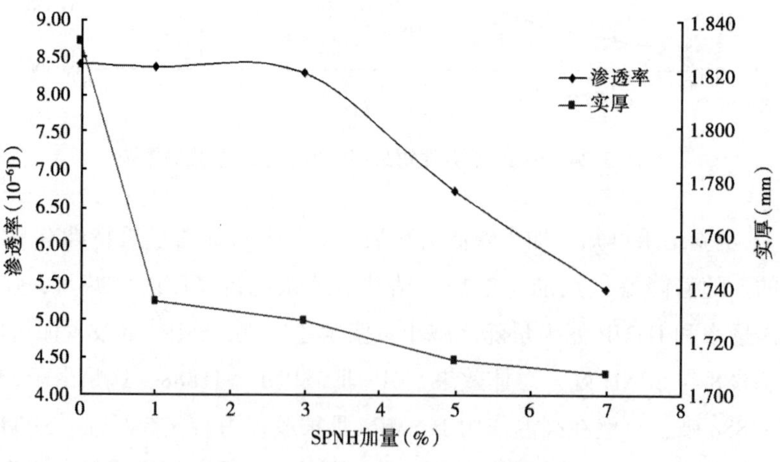

图 3.27　SPNH 对泥饼实厚、渗透率的影响

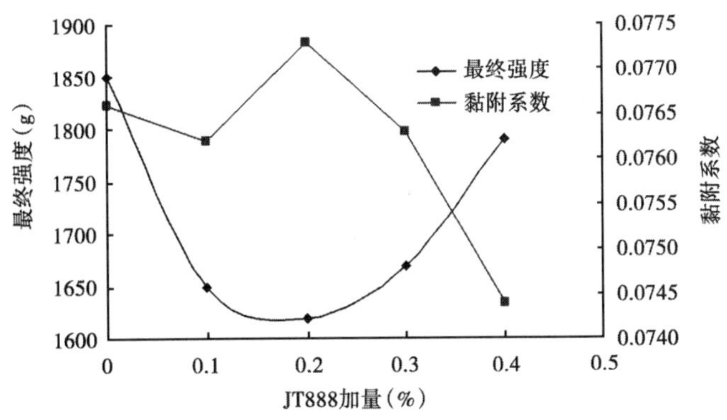

图 3.28　JT888 对泥饼最终强度、黏附系数的影响

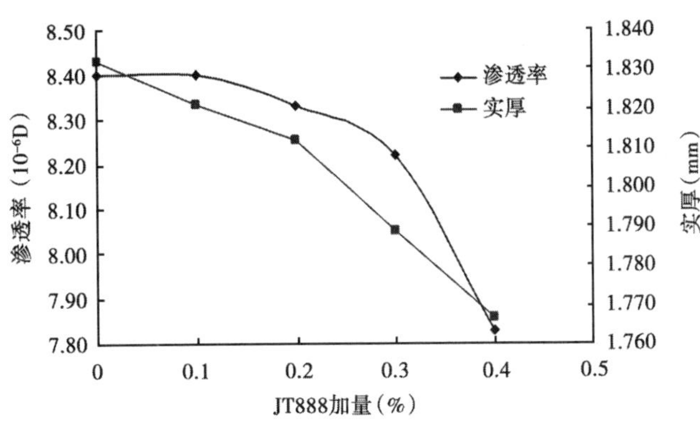

图 3.29　JT888 对泥饼实厚、渗透率的影响

面对黏土颗粒具有护胶能力，保证钻井液体系有足够的亚微米粒子，颗粒大小与级配合理，同时黏土颗粒吸附的处理剂溶剂化膜具有弹性而起润滑作用，因而泥饼减薄变得致密，渗透率降低，润滑性变好，强度增加，泥饼质量整体特性变好，HTHP 滤失量降低。

3.4.3　固相的影响

固相是构成钻井液泥饼的主要成分。固相种类、性质、含量、粒子大小、级配均会对泥饼质量产生直接的影响，这些因素的来源不同，对泥饼质量产生的影响不同，它们的变化带来的影响程度也就不同。水基钻井液体系中的固相主要来源于黏土、加重材料。为此，实验就黏土、加重剂对泥饼质量的影响进行了研究、分析。

3.4.3.1　黏土的影响

无论是配浆，还是钻进过程中钻屑水化分散，都将给钻井液体系带来黏土。黏土的混入不仅影响流变性能，同时影响造壁性，而它又是满足造壁性不可缺少的钻井液成分，主要表现在泥饼质量上。钻井液体系中的黏土颗粒呈现片状，有平表面和端部表面之分，平表面带负电、端部表面带正电，因而黏土粒子在分散介质中能形成稳定的 F—F、E—F、E—E（E 代表端部表面、F 代表平表面）结合，即空间网架结构，也就是卡片房子结构

(图 3.30)。这种结构的存在形成了钻井液的结构黏度特性，具有悬浮能力，有利于加重剂的悬浮稳定和沉降稳定。借助黏土胶体粒子和卡片房子结构构成固相，在滤失过程中参与形成泥饼，黏土含量不同，其胶体粒子含量和卡片房子结构多少与强弱不同，带来的泥饼性质不同。其结果见表 3.12。

图 3.30　黏土粒子的空间网架结构

表 3.12　不同黏土含量对泥饼质量的影响

黏土量 (%)	H_f (mm)	H_t (mm)	C_t	K (10^{-6}D)
1.0	1.133	2.427	0.068	13.43
2.0	1.417	2.673	0.053	14.78
3.0	1.000	2.300	0.047	12.33
4.0	0.867	2.214	0.039	10.74
5.0	0.500	2.010	0.021	8.07
6.0	0.765	2.233	0.037	12.62
7.0	1.560	2.409	0.046	14.85

注：韧性系数 C_t 为泥饼质量曲线中弹塑性阶段的曲率。

由表 3.12 不难看出，随着黏土含量增加，泥饼厚度、韧性系数、渗透率先降后增，当黏土含量小于 5%时，随着黏土量增加，胶体粒子含量和卡片房子结构构成的固相颗粒大小、级配逐渐趋于合理，最佳状态恰好落在黏土含量 5%这一拐点，因此，泥饼厚度、韧性系数、渗透率处于最低值，泥饼质量特性最好；而当黏土含量大于 5%后，固相含量增加，自由水减少，颗粒间易于靠近形成卡片房子结构，聚集变大，致使颗粒大小、级配不合理，泥饼增厚，韧性变差，致密性差，渗透率增大，泥饼质量特性变差。

3.4.3.2 加重剂的影响

实验考察了加重剂重晶石、铁矿粉对泥饼质量的影响，其结果见表3.13至表3.15。

表3.13 重晶石、铁矿粉对泥饼厚度的影响

加重材料	密度（g/cm^3）	H_c（mm）	H_d（mm）	H_s（mm）	H_t（mm）
未加	1.10	1.083	0.950	0.100	2.133
重晶石	1.30	0.583	0.913	0.100	1.616
铁矿粉	1.30	1.117	0.917	0.167	2.201

表3.14 重晶石、铁矿粉对弹塑性的影响

加重材料	密度（g/cm^3）	C_c	C_d	C_s	C_e	C_i	C_t
未加	1.10	0.508	0.445	0.047	0.023	0.044	0.056
重晶石	1.30	0.361	0.577	0.062	0.071	0.050	0.060
铁矿粉	1.30	0.507	0.417	0.076	0.015	0.067	0.069

表3.15 重晶石、铁矿粉对强度、润滑性、渗透率的影响

加重材料	密度（g/cm^3）	P_i（g）	P_f（g）	K（10^{-6}D）	K_f
未加	1.10	15	520	33.36	0.0852
重晶石	1.30	25	700	26.48	0.0975
铁矿粉	1.30	10	410	27.39	0.1090

由表3.13数据可知，在相同条件下，使用重晶石加重的钻井液形成的泥饼厚度较铁矿粉加重的钻井液形成的泥饼要薄。表3.14数据表明，用重晶石加重的钻井液形成的泥饼韧性较铁矿粉加重的钻井液形成的泥饼韧性好；表3.15数据表明，用重晶石加重的钻井液形成的泥饼强度高于铁矿粉加重的钻井液形成的泥饼强度，前者渗透率、黏附系数低于后者。实验还发现，用铁矿粉加重的钻井液形成的泥饼上有颗粒团聚、毛须现象。由此可见，在相同条件下，用重晶石加重的钻井液形成的泥饼整体特性较铁矿粉加重的钻井液形成的泥饼整体特性好，这也验证了现场偏爱使用重晶石的理由。

从表3.16数据可以看出，中压下的API滤失量似乎与泥饼厚度关系不大，但当用重晶石加重至密度为1.90g/cm^3前，随着重晶石含量增加，高温作用（150℃/16h）后钻井液体系HTHP滤失量随之降低，当密度增加至1.90g/cm^3时，高温作用（150℃/16h）后反而钻井液体系HTHP滤失量大增，继续增大重晶石加量，随着密度增加，高温作用（150℃/16h）后钻井液体系HTHP滤失量反而降低。可见，密度1.90g/cm^3为影响高密度水基钻井液性能的转折点；当用重晶石加重至密度为1.90g/cm^3时，一方面固相含量（重晶石含量）较密度1.90g/cm^3前高，自由水含量和粒间距更小；另一方面密度为1.90g/cm^3转折点时的争夺堆积效应，且堆积杂乱无章而无序，形成的泥饼疏松而不致密，此时处理剂不能全部满足所有重晶石吸附而形成结构，因而表现出体系HTHP滤失量增大；当重晶石体积分数超过一定数值后（密度超过1.90g/cm^3），重晶石堆积时表现出先大后中再小的顺序有序填充泥饼，粒度、级配合理，再次出现吸附处理剂形成结构并自身之间连接形成结构，泥饼变薄、致密，HTHP 滤失量降低。结合图 3.31 和图 3.32 不难看出，在密度为 1.90g/cm³ 前，随着重晶石含量增加，泥饼可压缩系数、弹性系数和密实系数随之降低，强度系数、韧性系数和致密系数随之增加；在密度为 1.90g/cm³ 时，泥饼可压缩系数、弹性系数和密实系数反而增加（处于最高值），强度系数、韧性系数和致密系数反而降低（处于低谷）；在密度为 1.90g/cm³ 后，随着重晶石含量增加，泥饼可压缩系数、弹性系数和密实系数又随之降低，强度系数、韧性系数和致密系数也随之增加。由此可见，用重晶石加重至钻井液密度为 1.90g/cm³ 时，是影响泥饼质量特性的转折点，该点泥饼质量最差，因此，表现出体系 HTHP 滤失量最大，滤失造壁性最差，这也验证了上述论及关于用重晶石加重影响钻井液体系 HTHP 滤失的结论。

表 3.16　钻井液密度与 API 滤失量、HTHP 滤失量之间的关系

密度（g/cm³）	1.10	1.30	1.50	1.70	1.90	2.10	2.30
API 滤失量（mL）	4.6	4.4	4. 6	4.2	4.2	4.4	4.6
HTHP 滤失量（mL）	26.0	18.0	18.0	16.5	23.0	14.0	12.0

与此同时，随着钻井液中加重材料体积分数的逐渐增加，所形成泥饼的弹塑性则表现为波动性变化，如图 3.31 所示。

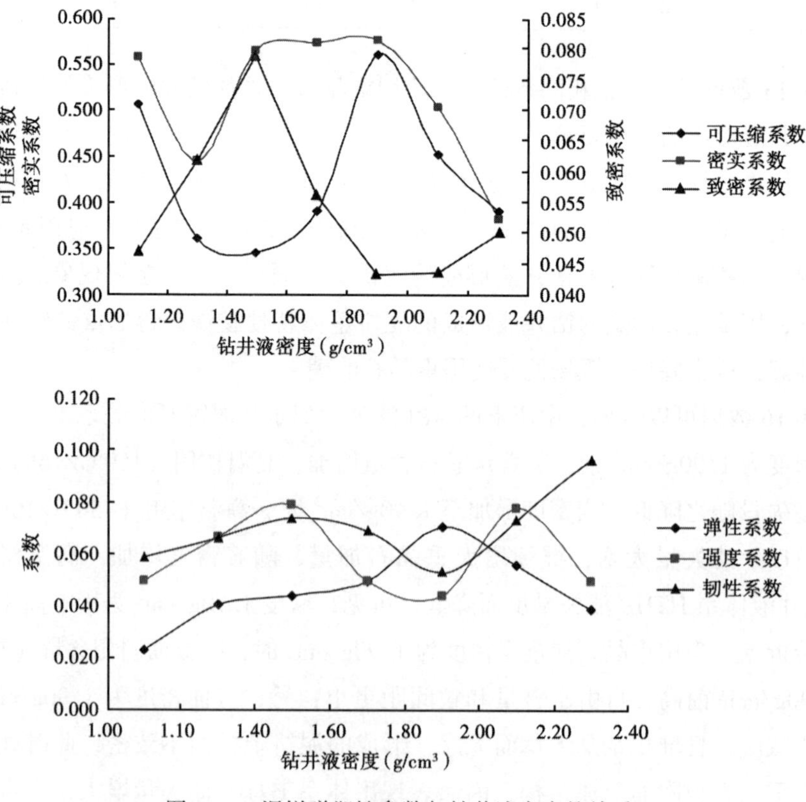

图 3.31　泥饼弹塑性参数与钻井液密度的关系

3.4.3.3 刚性粒子重晶石的影响

实际上，泥饼的形成类似于固相过滤过程，即桥塞机制。这就需要钻井液中的固相颗粒不仅具有大粒径的“架桥”粒子，还需要大、中、小粒径的填充粒子，更需要最后一级的最小填充粒子。高密度钻井液泥饼的架桥粒子主要来源于加重材料，因此，加重剂的粒子大小与级配对泥饼质量尤为重要。实验分别选用粒径为 50~70μm、30~50μm、10~30μm 及 10μm 以下的重晶石加重钻井液，考察它们对泥饼质量特性的影响，其结果见表 3.17 至表 3.19。

表 3.17 重晶石粒子大小、级配与泥饼厚度的关系

粒度中值（μm）	H_c（mm）	H_d（mm）	H_s（mm）	H_t（mm）
70~50	3.050	2.517	1.117	6.684
50~30	2.500	1.800	0.750	5.050
30~10	1.617	1.117	0.267	3.001
<10	1.100	0.917	0.117	2.134

表 3.18 重晶石粒子大小、级配对弹塑性的影响

粒度中值（μm）	C_c	C_d	C_s	C_e	C_i	C_t
70~50	0.456	0.377	0.167	0.026	0.078	0.080
50~30	0.495	0.356	0.149	0.013	0.067	0.083
30~10	0.539	0.372	0.089	0.015	0.067	0.069
<10	0.515	0.430	0.055	0.042	0.072	0.077

表 3.19 重晶石粒子大小、级配对强度、润滑性及渗透率的影响

粒度中值（μm）	P_i（g）	P_f（g）	K（10^{-6}D）	K_f
70~50	18	480	110.09	0.4127
50~30	10	650	53.44	0.2217
30~10	10	810	27.39	0.1190
<10	28	1230	18.73	0.1007

从表 3.17 至表 3.19 的实验数据可以看出，在相同条件下，当钻井液体系中填充 10μm 以下粒径的重晶石颗粒子时，表现出泥饼薄、致密、渗透率低、强度高、黏附系数低、润滑性好等优异的泥饼质量整体特性。这与前面用数学模型推断的结论一致。由此可见，在钻井液体系中添加适量 10μm 以下粒径的填充粒子有助于提高泥饼的各种物性质量，改善 HTHP 滤失造壁性。

由于上述实验采用的 10μm 以下粒径的填充粒子是刚性粒子（重晶石），材料本身硬度高、强度大，在实际生产过程中必将大大提高材料加工难度和生产成本，限制了其生产与应用的可能性，因此，为了解决这一难题，在钻井液体系中引入 0~10μm 粒径的变形微粒子填充剂 DJ-1，即前面提及的最后一级的最小填充粒子。

3.4.3.4 变形微粒子填充剂 DJ-1 的影响

实验考察了引入变形微粒子填充剂 DJ-1 后对钻井液体系泥饼质量的影响，在相同条件下与重晶石比较，归结于填充粒子性质对泥饼质量的影响，其结果见表 3.20 至表 3.22 以及图 3.32 和图 3.33。

表 3.20 固相性质对泥饼厚度的影响

填充粒子	密度（g/cm^3）	H_c（mm）	H_d（mm）	H_s（mm）	H_t（mm）
重晶石	2.10	1.050	1.517	0.117	2.684
DJ-1	2.10	0.860	1.300	0.102	2.262

注：DJ-1 加量为 3%，以下同。

表 3.21 固相性质对弹塑性的影响

填充粒子	密度（g/cm^3）	C_c	C_d	C_s	C_e	C_i	C_t
重晶石	2.10	0.391	0.565	0.044	0.026	0.078	0.080
DJ-1	2.10	0.408	0.531	0.061	0.013	0.067	0.083

表 3.22 固相性质对强度、润滑性、渗透率的影响

填充粒子	密度（g/cm^3）	P_i（g）	P_f（g）	K（10^{-6}D）	K_f
重晶石	2.10	10	1200	13.44	0.1217
DJ-1	2.10	18	1230	10.09	0.0827

图 3.32 重晶石填充的泥饼 SEM 图

从表 3.20 至表 3.22 可以看出，在相同条件下，与重晶石比较，在钻井液体系中引入变形粒子 DJ-1 后，泥饼变薄，弹塑性变好，强度大，黏附系数低（润滑性变好），渗透率

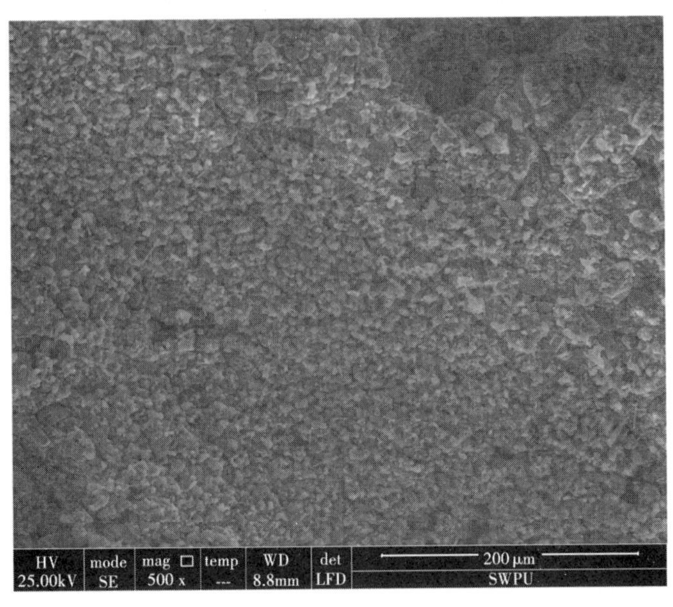

图 3.33　DJ-1 填充的泥饼 SEM 图

低（致密性好），泥饼质量整体特性较前者好。结合泥饼电镜扫描（SEM）不难发现，在钻井液体系中加入 10μm 以下粒径的重晶石粒子填充，泥饼厚，有毛须，粗糙、不致密，不平整，而引入 0～10μm 的微粒子填充剂 DJ-1 后，泥饼薄，光滑、平整，能更好地对泥饼微孔进行充填，形成的泥饼致密，印证了表 3.20 至表 3.22 实验数据所得的结论，所有这些事实再次验证了前面数学模型推断的结论是正确的。

3.4.4　温度及压力的影响

实验考察了不同温度、不同压力下的钻井液泥饼质量特性，其结果见表 3.23 至表 3.25。

表 3.23　温度、压力对泥饼厚度的影响

老化条件	滤失条件	H_c（mm）	H_d（mm）	H_s（mm）	H_t（mm）
120℃/16h	API	0.765	0.080	0.736	1.581
	HTHP1	0.956	1.223	0.100	2.279
	HTHP2	1.050	1.517	0.117	2.684
150℃/16h	API	0.633	0.825	0.106	1.564
	HTHP1	1.025	1.106	0.133	2.264
	HTHP2	1.167	1.667	0.150	2.984

注：（1）钻井液为密度 2.30g/cm^3 的适度分散体系。

（2）API 滤失条件为 50℃/0.7MPa/30min，HTHP1 滤失条件为 120℃/3.5MPa/30min，HTHP2 滤失条件为 150℃/3.5MPa/30min。以下同。

表 3.24　温度、压力对泥饼弹塑性的影响

老化条件	滤失条件	C_c	C_d	C_s	C_e	C_i	C_t
120℃/16h	API	0.484	0.051	0.466	0.041	0.089	0.057
	HTHP1	0.419	0.537	0.044	0.043	0.078	0.067
	HTHP2	0.391	0.565	0.044	0.026	0.078	0.080
150℃/16h	API	0.405	0.527	0.068	0.023	0.044	0.056
	HTHP1	0.453	0.489	0.059	0.071	0.050	0.060
	HTHP2	0.391	0.559	0.050	0.015	0.067	0.069

表 3.25　温度、压力对泥饼强度、润滑性及渗透率的影响

老化条件	滤失条件	P_i（g）	P_f（g）	K（10^{-6}D）	K_f	滤失量（mL）
120℃/16h	API	14	750	26.45	0.1327	3.6
	HTHP1	14	970	17.97	0.1066	17.6
	HTHP2	18	1230	19.09	0.0727	19.4
150℃/16h	API	13	790	27.63	0.1274	3.8
	HTHP1	15	1080	19.06	0.0968	19.8
	HTHP2	12	1300	21.44	0.0687	23.6

从表 3.23 至表 3.25 可以看出，温度、压力对泥饼质量整体特性有一定影响。随着温度、压力增加，泥饼增厚，渗透率增加，HTHP 滤失量增大，泥饼最终强度迅速增大，泥饼弹塑性、润滑性逐渐降低。出现这种现象，除温度对泥饼形成的影响同样影响泥饼质量特性外，根本原因在于温度升高，促进黏土去水化，颗粒分散度增加，细颗粒增多，粒子大小与级配趋于不合理，加之温度升高处理剂脱附，吸附能力降低，处理剂对黏土的包被、抑制、护胶等作用减弱，滤液黏度降低；压差增大（压力增加）促使加重剂沉积（沉降），颗粒沉积机会增多，固相颗粒（尤其是黏土颗粒）水化程度降低，水化膜变薄、有序堆积（主要是大量重晶石作用）所致。可见，温度升高、压力增加，泥饼质量特性将受到负面影响，其中温度的影响更为突出。

总之，在高温高密度及其他条件相同时，适度分散体系泥饼质量特性明显优于细分散钻井液体系、不分散钻井液体系，其中封堵粒子的作用和影响最关键。

4 泥饼质量控制原理、方法与效果可行性研究

4.1 泥饼质量控制原理与方法

4.1.1 “优质”泥饼微观结构的实现

通过钻井液体系组分分析发现，若体系尤其是高密度钻井液体系中严重缺乏封堵剂(如变形封堵剂)，通常表现为HTHP滤失量大，泥饼表面粗糙，有毛须、疏松、发虚、厚，其泥饼微观结构（图4.1）明显表现为孔缝清晰，孔隙大，不致密，缺乏填充粒子，没有序列分布的连续合理粒径，无法有效发挥“理想填充”效应，没有按大颗粒先架桥、中大颗粒随之填充、中颗粒和小颗粒逐级填充的顺序形成泥饼，因而渗透率高，泥饼质量整体特性极差；唯有添加适量封堵剂如微粒子填充剂DJ-1，弥补体系缺乏的粒子级差，尤其是最后一级填充粒子，其结果将与黏土颗粒、重晶石颗粒组成合理的粒度大小、级配，使各级粒子兼有，建立序列分布的连续合理粒径，有效发挥“理想填充”效应，按大颗粒先架

图4.1 极差泥饼微观结构图（SEM图像）

桥、中大颗粒随之填充、中颗粒和小颗粒逐级填充的顺序形成泥饼，再结合磺化酚醛树脂高温适度交联和护胶能力，形成致密泥饼，使泥饼质量整体特性变好。从泥饼外观上看，泥饼薄、致密、平整而光滑，结合泥饼微观结构图（图4.2），明显可见各级粒子兼有，并有序列分布的连续合理粒径，且按大颗粒先架桥、中大颗粒随之填充、中颗粒和小颗粒逐级填充的顺序形成优质泥饼，充分发挥了“理想填充”效应，最终形成的泥饼质量整体特性优良。可见，钻井液体系中固相粒度大小、级配的合理性与序列分布的连续合理粒径，是实现“优质”泥饼微观结构的关键。

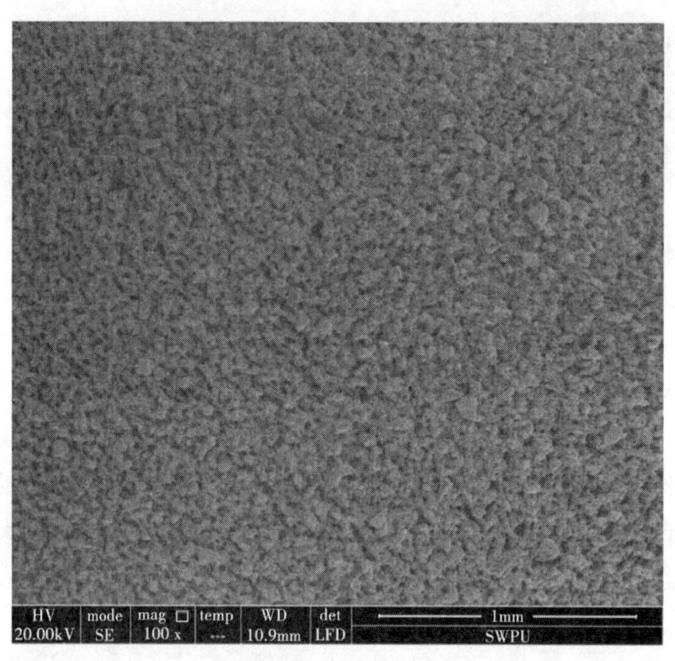

图4.2　优质泥饼微观结构图（SEM图像）

4.1.2　泥饼质量控制原理与方法

水基钻井液尤其是高温高密度水基钻井液体系的泥饼质量控制原理：在强抑制、良好流变性前提下，以适度分散型聚磺体系为好，其造壁性（泥饼质量特性）主要由液相黏度和降滤失剂及黏土、重晶石、封堵剂等固相粒子构成。一方面利用液相黏度降低滤失速度，另一方面借助固相粒子（黏土、重晶石、刚性封堵剂、变形封堵剂等）的合理粒度级配进行架桥、填充、逐级填充，再结合降滤失剂的护胶能力、降滤失功能，改善泥饼质量特性、降低泥饼渗透率，降低滤失量，其中降滤失剂、封堵剂和合理粒度级配最为关键。

（1）降滤失剂起着举足轻重的作用，在盐水尤其是高密度高矿化度（饱和盐水）体系中，应选择吸附能力强、高吸附量的抗高温抗盐降滤失剂，如SMP-Ⅱ（或高品质、高吸附量的磺化酚醛树脂SMP-Ⅲ），再配合褐煤类处理剂SMC和（或）SPNH，充分发生适度高温交联，使其作用效能增效、热稳定性提高，达到改善泥饼质量特性、降低泥饼渗透率、降低滤失长效性的目的。

（2）因体系加重而必须使用重晶石，密度越高，重晶石加量越大，在体系中占的体积分数越大，其粒度大小、级配对泥饼质量的影响不容忽视，到目前为止，油田所使用的重晶石都是按照 API 标准加工而成的重晶石粉。大量室内实验验证发现，现行的 API 重晶石粉多多少少存在粒度大小、级配的不合理性问题，加重后表现出黏度效应增加、造壁性欠佳，密度越高，重晶石加量越大，再加上重晶石颗粒被稀释剂的分散作用，其影响显得更加突出，带来的黏度效应很高，泥饼厚得惊人，HTHP 滤失量大，有时因大幅度加重带来极高的黏度效应而使重晶石加不进去，提高密度棘手。因此，选择高密度、高品质和合理粒度大小、级配的重晶石尤为重要。

（3）为了弥补重晶石因粒度大小、级配不合理性（主要缺乏对泥饼孔缝结构填充的最后一级粒子）对泥饼质量特性带来的负面影响，必须引入封堵剂如刚性封堵剂 $CaCO_3$、惰性变形封堵剂沥青类（如 EFD-2）、惰性变形微粒子填充剂 DJ-1，利用它们的粒度级差，补充次级、次小级和最后一级填充粒子。充分发挥这 3 方面各自的功效和协同作用，形成序列分布的连续合理粒径，改善泥饼质量特性，降低泥饼渗透率、降低滤失量。

其方法关键在于降滤失剂、封堵剂的正确选择和保证固相颗粒粒径、级配的合理性。

4.1.2.1 降滤失剂

配制高温高密度水基钻井液体系，必须首选抗高温降滤失剂。实验研究表明，唯有磺化酚醛树脂 SMP-Ⅲ可作为高温高密度钻井液体系降滤失剂，兼用 SPNH 与 SMC，充分发挥它们在高温、高矿化度条件下的适度交联作用，既改善了泥饼质量特性、降低滤失量，又改进了流型，兼顾流变性、造壁性双重功效。

处理剂高温交联是指处理剂在高温作用下活性基团（不饱和键）发生反应，使其分子量增加的结果。它与高温降解相反，但不是高温降解的可逆过程，它不随温度可逆，可与高温降解同时发生，相互独立，但就其效果来讲是相互影响的结果，也可能形成体（三维空间）结构高分子，还可能是链增长，或者形成支链。处理剂高温交联对钻井液性能的影响与其程度有密切关系。若高温交联过度，即形成体型高分子，使处理剂失去水溶性而不溶解，形成冻胶，不能流动，钻井液体系彻底破坏，此时，钻井液胶凝与黏土含量无关，滤失量猛增。若高温交联适度，仅仅属于链增长，产生支链或部分网状，但能溶解于水，则此时的高温交联作用将抵消高温降解作用。另外，高温交联适度还能使处理剂增效：一方面高温交联适度使处理剂吸附量增加；另一方面一种处理剂吸附，另一种处理剂也吸附，但吸附性质不一样，当一种处理剂吸附达到平衡时，另一种处理剂有进一步吸附，其综合结果使处理剂对钻井液的作用效能增加。例如 SMP-Ⅱ与 SMC 或 SPNH 同时加入钻井液中，它们在高温作用下将发生高温交联适度而使处理剂对钻井液的作用效能增加，高温交联适度的结果使它们各自原来的加量减小，保持各自原来的作用效能，同时它们的抗温能力、抗盐能力、吸附能力增强，达到增效目的，这一技术思路有效地指导了室内研究和现场应用，建立了利用高温改善钻井液性能的重要理论，产生了举世瞩目的深井、超深井钻井液体系，使磺化钻井液体系在井越深、温度越高、时间越长，钻井液性能越好。

4.1.2.2 封堵剂

封堵剂分为刚性和变形两类。室内实验和现场实践证明，刚性封堵剂以 $CaCO_3$ 为首选，最好选择不同粒子大小、级配合理的 $CaCO_3$ 复配物，以改善泥饼质量，降低滤失量。对于探井而言，可选择高软化点石蜡类作为变形封堵剂（如 DJ-1）；对于生产井而言，可以选择高软化点沥青类作为变形封堵剂，利用它们在高温、高压条件下软化变形，弥补泥饼中缺乏的最后一级填充粒子，封堵微小孔缝，改善泥饼质量，降低滤失量。

4.1.2.3 合理的固相颗粒粒径、级配

高密度水基钻井液体系中的固相主要包括重晶石、黏土和封堵剂。对于含有大量重晶石、黏土、封堵剂的不连续尺寸颗粒体系，当最大颗粒的间隙恰能为次大的第二粒级所充满，第二粒级的间隙又恰能为第三粒级所充满，以此类推，便可取得最高的堆积效率。借助形成序列分布的连续合理粒径，可取得理想的充填效果，能形成低滤失量的致密泥饼。这样就可利用相对大的颗粒间的小颗粒发挥的一种类似“轴承效应”来减轻摩阻，使钻井液黏度效应降低，再结合“理想充填”理论形成连续合理的粒径序列分布改善造壁性。为此，要兼顾流变性和造壁性，必须要求加重材料密度高、品质高且粒度级配合理（粗细搭配、级配范围合理）。

4.2 泥饼质量控制效果可行性研究（分析）

严格按照上述控制原理与方法，取现场井浆添加适量封堵剂（微粒子填充剂 DJ-1），依据实际情况，配合其他处理剂，考察了它们对泥饼质量控制效果的可行性。

4.2.1 老浆与新浆混合效果可行性评价

老浆在井下高温高压作用下经长时间磨合，固相颗粒处于相对稳定状态，利用其粒度大小、级配合理优势，配合新浆，考察老浆对新浆泥饼质量的改善情况，目的旨在老浆新用，验证其控制原理。实验就四川马 104 井老浆、实验室配制的新浆（配方同老浆配方一致）基本性能（流变性、滤失造壁性）进行了测定，其结果见表 4.1。从表 4.1 可以看出，老浆、实验室配制的新浆流变性和流动性均好，无重晶石沉降现象；从滤失造壁性来看，老浆较新浆稍好，这是 SMP-Ⅱ、SPNH 和 SMC 在井下高温作用条件下经较长时间发生适度高温交联所致，但 HTHP 滤失量有些偏大，泥饼厚度稍偏厚，泥饼质量整体特性不太好；相比之下，新浆 HTHP 滤失量偏高，泥饼厚度厚，泥饼质量整体特性不好（表 4.2 至表 4.4）。

表 4.1 马 104 井浆与实验室新浆基本性能比较

配方	密度 (g/cm³)	条件	表观黏度 (mPa·s)	塑性黏度 (mPa·s)	动切力 (Pa)	10″切力/10′切力 (Pa/Pa)	API_B[①] (mL)	$HTHP_B$[②] (mL)	pH 值	稳定性
马 104 井浆	2.015	高温前	106.5	118	-12.5	15.5/28.0	3.4	未测	9.0	
		140℃/16h	97	110	-13	2.5/7.0	2.6	20.0	9.0	稳定

续表

配方	密度 (g/cm³)	条件	表观黏度 (mPa·s)	塑性黏度 (mPa·s)	动切力 (Pa)	10″切力/10′切力 (Pa/Pa)	API_B ① (mL)	$HTHP_B$ ② (mL)	pH 值	稳定性
新浆	2.000	高温前	110.5	120	-8.5	13.5/30.0	4.4	未测	9.0	
		140℃/16h	108	112	-4	3.5/9.0	2.8	24.0	9.0	稳定

注：马 104 井井浆为适度分散聚磺体系，主要配方为 3% 膨润土+0.3% KAPM+7% KCl+20% NaCl+5% SMP-Ⅱ+5% SPNH+5% SMC+3% $CaCO_3$+2% TRH-2+3% SAS+重晶石（密度为 2.015g/cm³）；新浆为实验室配浆，配方同马 104 井浆（密度为 2.000g/cm³）；稳定性指重晶石悬浮稳定性、沉降稳定性。以下同。

①API_B 表示 API 滤失量。

②$HTHP_B$ 表示 HTHP 滤失量。

为此，将四川马 104 井老浆与新浆按 1:2 比例混合配成混浆（称老浆新用），考察了混浆的基本性能和泥饼质量整体特性，其结果见表 4.5 至表 4.8。

表 4.2 马 104 井井浆与实验室新浆泥饼厚度参数比较

配方	密度（g/cm³）	条件	H_c（mm）	H_d（mm）	H_s（mm）	H_t（mm）
马 104 井浆	2.015	高温前	1.032	1.007	0.542	2.581
		140℃/16h	1.868	1.533	0.442	3.843
新浆	2.000	高温前	1.208	1.100	0.655	2.963
		140℃/16h	2.003	1.783	0.983	4.769

表 4.3 马 104 井井浆与实验室新浆泥饼强度、润滑性及渗透率参数比较

配方	密度（g/cm³）	条件	P_i（g）	P_f（g）	K（10^{-6}D）	K_f
马 104 井浆	2.015	高温前	20	800	24.47	0.1472
		140℃/16h	22	1220	13.43	0.1115
新浆	2.000	高温前	10	600	35.08	0.1733
		140℃/16h	15	900	22.71	0.1458

表 4.4 马 104 井井浆与实验室新浆泥饼弹塑性参数比较

配方	密度（g/cm³）	条件	C_c	C_d	C_s	C_e	C_i	C_t
马 104 井浆	2.015	高温前	0.400	0.390	0.210	0.052	0.063	0.077
		140℃/16h	0.486	0.399	0.115	0.038	0.056	0.083
新浆	2.000	高温前	0.408	0.371	0.221	0.063	0.074	0.056
		140℃/16h	0.420	0.374	0.206	0.058	0.0.069	0.062

表 4.5 马 104 井井浆与新浆混合后基本性能

配方	密度 (g/cm³)	表观黏度 (mPa·s)	塑性黏度 (mPa·s)	动切力 (Pa)	10″切力/10′切力 (Pa/Pa)	API_B (mL)	$HTHP_B$ (mL)	pH 值	稳定性
混浆	2.005	104	110	-6	12.5/20.0	2.4	未测	9.0	
140℃/16h		98	105	-7	2.5/7.5	1.6	16.0	9.0	稳定

表 4.6　马 104 井井浆与新浆混合后泥饼厚度参数

配方	密度（g/cm^3）	条件	H_c（mm）	H_d（mm）	H_s（mm）	H_t（mm）
混浆	2.005	高温前	0.875	0.674	0.317	1.866
		140℃/16h	1.333	1.082	0.442	2.857

表 4.7　马 104 井井浆与新浆混合后泥饼强度、润滑性及渗透率参数

配方	密度（g/cm^3）	条件	P_i（g）	P_f（g）	K（10^{-6}D）	K_f
混浆	2.005	高温前	20	1100	17.36	0.1369
		140℃/16h	22	1600	8.95	0.0958

表 4.8　马 104 井井浆与新浆混合后泥饼弹塑性参数

配方	密度（g/cm^3）	条件	C_c	C_d	C_s	C_e	C_i	C_t
混浆	2.005	高温前	0.469	0.361	0.170	0.066	0.042	0.063
		140℃/16h	0.467	0.379	0.155	0.057	0.037	0.072

从表 4.5 不难看出，将四川马 104 井老浆与新浆按 1∶2 比例混合配成混浆后，黏度效应降低，流变性和流动性变得更好，无重晶石沉降现象；从滤失造壁性来看，混浆泥饼变薄、致密、韧性好、HTHP 滤失量大大降低，整体滤失造壁性变好。从泥饼质量参数数据（表 4.6 至表 4.8）来看，泥饼厚度明显减薄，致密性变好，润滑性变好，并有韧性，泥饼质量整体特性明显得到改善。

4.2.2　室内体系效果可行性评价

严格按照上述控制原理，室内就抗高温（150℃）高密度（$2.30g/cm^3$）饱和盐水聚磺体系（适度分散聚磺体系）进行了效果可行性研究，体系配方为 5%土浆+0.3%FV-2+5%SMP-Ⅱ+30%NaCl+5%SPNH+5%SMC+3%$CaCO_3$+5%DJ-1+3%EFD-2+2%TRH-2+1%SM-1+API 重晶石（密度为 $4.15g/cm^3$），其结果见表 4.9 至表 4.18。

表 4.9　适度分散型饱和盐水聚磺钻井液体系性能（无变形封堵剂）（密度为 $2.30g/cm^3$）

配方及 NaCl 含量		表观黏度（mPa·s）	塑性黏度（mPa·s）	动切力（Pa）	10″切力/10′切力（Pa/Pa）	API_B/API_K① （mL/mm）	$HTHP_B/HTHP_K$②（mL/mm）	pH 值	稳定性
基浆	高温前	76.5	86	-9.5	6.0/19.0	2.0/0.5	未测	9.0	
	高温后	92	128	-36	7.5/19.0	12.6/0.5	65.0/15.0	9.0	稳定
基浆+30%NaCl	高温前	116.5	123	-6.5	3.0/6.5	2.0/0.5	未测	9.0	
	高温后	50.5	44	6.5	3.5/6.5	2.6/0.5	42.0/9.0	9.0	稳定

注：（1）基浆配方 5%土浆+0.3%FV-2+5%SMP-Ⅱ+30%NaCl+5%SPNH+5%SMC+3%$CaCO_3$+2%TRH-2+1%SM-1+API 重晶石（密度为 $4.15g/cm^3$）。

（2）高温条件 150℃/16h，以下同。

①API_K 表示 API 泥饼厚度。

②$HTHP_K$ 表示 HTHP 泥饼厚度。

表 4.10 API 重晶石加重的饱和盐水聚磺钻井液体系基本性能与抗温能力、热稳定性

条件	表观黏度 (mPa·s)	塑性黏度 (mPa·s)	动切力 (Pa)	10″切力/10′切力 (Pa/Pa)	API_B/API_K (mL/mm)	$HTHP_B/HTHP_K$ (mL/mm)	pH 值	稳定性
150℃/16h	98	99	-1	3.5/8.5	1.6/0.5	12.5/2.0	9.0	稳定
150℃/32h	96	98	-2	3.0/7.0	1.6/0.5	12.5/2.0	9.0	稳定
150℃/72h	94	95	-1	3.0/7.5	1.8/0.5	11.8/2.0	9.0	稳定
180℃/16h	95	99	-4	3.5/7.5	1.8/0.5	11.6/2.0	9.0	稳定
200℃/16h	108	115	-7	4.0/6.0	2.6/0.5	17.8/3.0	9.0	稳定

注：配方为5%土浆+0.3%FV-2+5%SMP-Ⅱ+30%NaCl+5%SPNH+5%SMC+3%$CaCO_3$+5%DJ-1+3%EFD-2+2%TRH-2+1%SM-1+API 重晶石（密度为4.15g/cm^3），密度上升至2.30g/cm^3，以下同。

表 4.11 API 重晶石加重的饱和盐水聚磺钻井液体系膨胀性

体　系	岩心线膨胀率（%）	
	2h	16h
清水浸泡岩心	17.1429	18.9286
体系岩心	2.3318	2.6450

注：（1）岩心用四川红层土岩粉制成。

（2）表中结果均为两次平行实验结果。

表 4.12 API 重晶石加重的饱和盐水聚磺钻井液体系分散性

体　系	钻屑质量（g）	16h 回收钻屑量（g）	回收率（%）
蒸馏水+四川红层土（钻屑）	50	17.61	35.22
体系+四川红层土（钻屑）	50	48.76	97.52

注：（1）热滚条件：150℃/16h。

（2）钻屑为6~10目，回收率为40目泥页岩的回收率。

（3）表中结果均为两次平行实验结果。

表 4.13 API 重晶石加重的饱和盐水聚磺钻井液体系润滑性

体　系	润滑系数
清　水	0.35
4%膨润土浆	0.57
高温后体系	0.0803

注：（1）表中结果均为两次平行实验结果。

（2）高温条件为150℃/16h。

表 4.14 API 重晶石加重的饱和盐水聚磺钻井液体系抗钙能力

配方	表观黏度 (mPa·s)	塑性黏度 (mPa·s)	动切力 (Pa)	10″切力/10′切力 (Pa/Pa)	API_B/API_K (mL/mm)	$HTHP_B/HTHP_K$ (mL/mm)	pH 值	稳定性
体系+0.1%$CaSO_4$	96	97	-1	3.5/6.5	1.6/0.5	12.0/2.0	9.0	稳定
体系+0.3%$CaSO_4$	94	96	-2	3.0/7.0	1.6/0.5	12.5/2.0	9.0	稳定
体系+0.5%$CaSO_4$	92	94	-2	3.5/7.0	1.8/0.5	11.6/2.0	9.0	稳定

续表

配方	表观黏度（mPa·s）	塑性黏度（mPa·s）	动切力（Pa）	10″切力/10′切力（Pa/Pa）	API_B/API_K（mL/mm）	$HTHP_B/HTHP_K$（mL/mm）	pH 值	稳定性
体系+0.7%$CaSO_4$	92	93	-1	3.0/6.5	1.8/0.5	12.5/2.0	9.0	稳定
体系+1.0%$CaSO_4$	93	95	-2	4.5/7.5	1.6/0.5	12.8/2.0	9.0	稳定
体系+1.2%$CaSO_4$	112	116	-4	6.5/10.5	2.6/0.5	18.6/3.0	9.0	稳定

注：高温条件为 150℃/16h。

表 4.15 API 重晶石加重的饱和盐水聚磺钻井液体系抗土侵（密度为 2.30g/cm³）

配方	表观黏度（mPa·s）	塑性黏度（mPa·s）	动切力（Pa）	10″切力/10′切力（Pa/Pa）	API_B/API_K（mL/mm）	$HTHP_B/HTHP_K$（mL/mm）	pH 值	稳定性
体系+2%黏土	97	99	-2	4.5/7.0	1.4/0.5	11.8/2.0	9.0	稳定
体系+4%黏土	99	104	-5	5.0/8.5	1.6/0.5	12.0/2.0	9.0	稳定
体系+6%黏土	128	132	-4	6.0/13.5	1.0/0.5	11.6/1.5	9.0	稳定

表 4.16 API 重晶石加重的饱和盐水聚磺钻井液体系泥饼厚度参数

密度（g/cm^3）	条件	H_c（mm）	H_d（mm）	H_s（mm）	H_t（mm）
2.300	150℃/16h	0.857	0.633	0.367	1.857

表 4.17 API 重晶石加重的饱和盐水聚磺钻井液体系泥饼强度、润滑性及渗透率参数

密度（g/cm^3）	条件	P_i（g）	P_f（g）	K（10^{-6}D）	K_f
2.300	150℃/16h	25	1830	7.07	0.0803

表 4.18 API 重晶石加重的饱和盐水聚磺钻井液体系泥饼弹塑性参数

密度（g/cm^3）	条件	C_c	C_d	C_s	C_e	C_i	C_t
2.300	150℃/16h	0.461	0.341	0.198	0.062	0.044	0.066

从表 4.9 可以看出，在高密度（2.30g/cm³）适度分散型饱和盐水聚磺体系中缺少封堵剂（微粒子填充剂 DJ-1、惰性封堵剂 EFD-2）后，体系高温后流变性虽好，但滤失量尤其是 HTHP 滤失量还是很高（偏大），泥饼太厚，明显发现泥饼质量差。为此，在该体系引入封堵剂（微粒子填充剂 DJ-1、惰性封堵剂 EFD-2）后，从表 4.10 至表 4.15 可以看出，黏度效应略微偏高（主要由塑性黏度增加所致），但流变性比较理想，流动性相当不错，且具有抑制性强、热稳定性好、抗温能力强（至少可抗至 180℃）、抗污染能力强（抗土侵可达 4%，抗钙侵可达 1.0% $CaSO_4$）、润滑性好等特性，拥有抑制性、流变性、滤失造壁性完全协调的综合性能。从表 4.16 至表 4.18 不难看出，在该体系引入封堵剂（微粒子填充剂 DJ-1、惰性封堵剂 EFD-2）后，泥饼薄，致密，韧性好，润滑性好，泥饼质量整体特性好，泥饼质量好，具有“优质”泥饼微观结构（图 4.3），明显可见各级粒子兼有，并有序列分布的连续合理粒径，且按大颗粒先架桥、中大颗粒随之填充、中颗粒和小颗粒逐级填充的

顺序形成优质泥饼，充分发挥了“理想填充”效应，最终形成的泥饼质量整体特性优良。

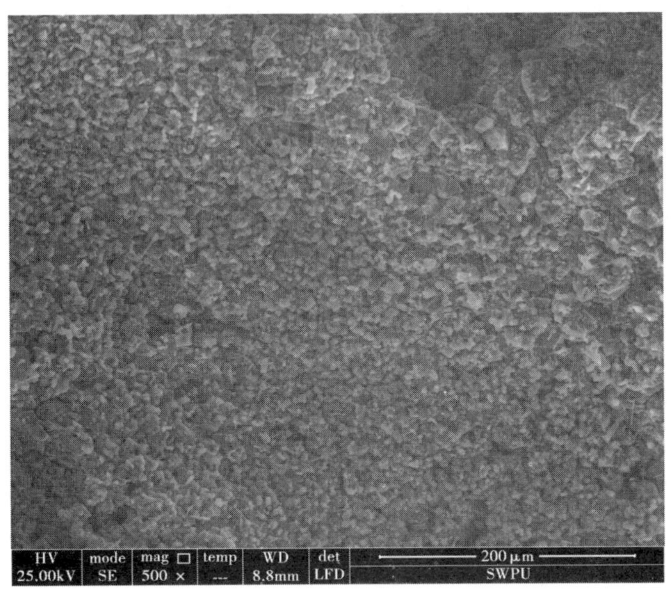

图 4.3　API 重晶石加重的饱和盐水聚磺钻井液体系泥饼微观结构（SEM 图像）

4.2.3　聚磺钻井液体系性能及其泥饼质量特性分析

4.2.3.1　克深 1 井

实验测定了克深 1 井井深 6153m 处聚磺钻井液体系性能及其泥饼质量特性，其结果见表 4.19 至表 4.22。

表 4.19　克深 1 井现场井浆基本性能

样品平行号	表观黏度 (mPa · s)	塑性黏度 (mPa · s)	动切力 (Pa)	10″切力/10′切力 (Pa/Pa)	API_B/API_K (mL/mm)	$HTHP_B/HTHP_K$ (mL/mm)
1	45	32	13	7.0/12.5	2.4/2.5	18.4/5.0
2	42	30	12	7.0/12.0	2.4/2.5	18.8/5.0
3	43	29	14	7.0/12.5	2.2/2.5	19.6/5.0

注：(1) 井浆为密度 1.70g/cm^3 的适度分散体系。

(2) API 滤失条件为 50℃/0.7MPa/30min，HTHP 滤失条件为 150℃/3.5MPa/30min。以下同。

表 4.20　克深 1 井现场井浆泥饼厚度参数

样品平行号	滤失条件	H_c (mm)	H_d (mm)	H_s (mm)	H_t (mm)
1	API	1.233	0.845	0.533	2.611
	HTHP	2.405	1.763	0.978	5.146
2	API	1.217	0.850	0.602	2.669
	HTHP	2.388	1.755	0.994	5.137
3	API	1.248	0.863	0.574	2.685
	HTHP	2.447	1.806	0.933	5.186

表 4.21　克深 1 井现场井浆泥饼弹塑性参数

样品平行号	滤失条件	C_c	C_d	C_s	C_e	C_i	C_t
1	API	0.472	0.324	0.204	0.441	0.039	0.012
	HTHP	0.467	0.343	0.190	0.443	0.038	0.017
2	API	0.456	0.318	0.226	0.426	0.038	0.013
	HTHP	0.465	0.342	0.193	0.423	0.034	0.016
3	API	0.465	0.321	0.214	0.471	0.035	0.015
	HTHP	0.472	0.348	0.18	0.415	0.037	0.019

表 4.22　克深 1 井现场井浆泥饼强度、润滑性及渗透率参数

样品平行号	滤失条件	P_i（g）	P_f（g）	K（10^{-6}D）	K_f
1	API	2	400	66.45	0.1927
	HTHP	2	650	47.97	0.1866
2	API	2	420	69.09	0.1927
	HTHP	2	670	47.63	0.1774
3	API	2	400	69.06	0.1968
	HTHP	2	650	46.44	0.1687

由表 4.19 可知，克深 1 井 6153m 处井浆具有良好的流变性，API 滤失量很理想，但 HTHP 滤失量偏大，泥饼厚、疏松，泥饼质量欠佳。从表 4.20 至表 4.22 不难看出，克深 1 井 6153m 处井浆所形成的泥饼强度低、渗透率极高，润滑性、弹塑性极不理想，可见，克深 1 井 6153m 处井浆泥饼整体特性差。为了弄清克深 1 井现场井浆泥饼质量差的原因，特意对其粒度、级配及泥饼微观结构进行了分析研究，其结果见表 4.23 及图 4.4。

表 4.23　克深 1 井现场井浆粒度分析结果

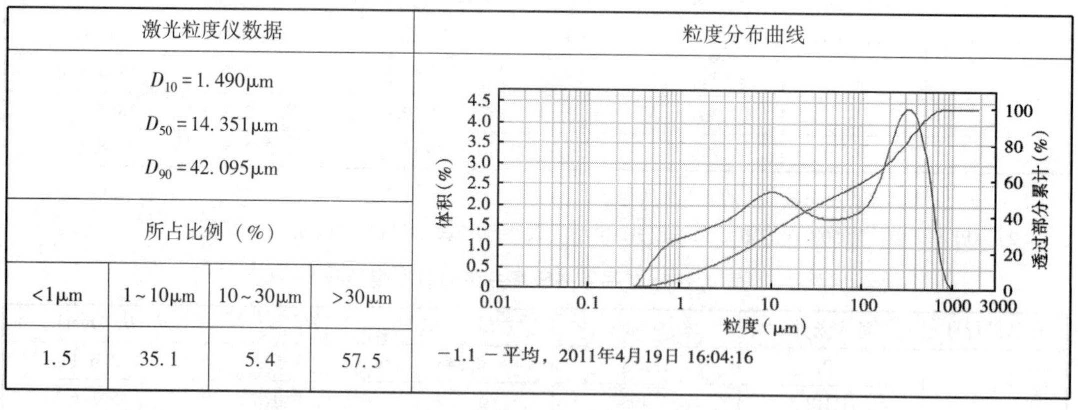

激光粒度仪数据				粒度分布曲线
$D_{10}=1.490\mu m$ $D_{50}=14.351\mu m$ $D_{90}=42.095\mu m$				(曲线图)
所占比例（%）				
<1μm	1~10μm	10~30μm	>30μm	
1.5	35.1	5.4	57.5	

由表 4.23 数据和粒度分布曲线可以看出，克深 1 井 6153m 处井浆中固相粒径分布极不合理，体系中大于 30μm 和 1~10μm 粒径的固相粒子占据很高的比例，粒径大于 30μm 的粒子偏多，小于 1μm 和介于 10~30μm 之间的固相颗粒严重缺失，其结果在泥饼形成过程中可充分架桥，但大颗粒架桥后尾随的中大颗粒无法有效充分填充，导致中颗粒和更小粒径

的颗粒只能无序地堆积在大颗粒形成的原有“泥饼”上，最小颗粒通过孔隙滤除，严重缺乏中大颗粒和最小颗粒的填充粒子与级配，因而形成的泥饼厚，疏松，不致密，强度低，润滑性差，渗透率大。电镜扫描的泥饼微观结构图像（图 4.4）明显可见大颗粒先架桥，尾随的其他颗粒集部分填充、堆积为一体形成泥饼，并存有塌陷的蜂窝状孔隙，形成的泥饼不致密，有毛须，润滑性差，进一步验证了克深 1 井 6153m 处井浆中固相粒径分布不合理带来的泥饼质量特性差的结论。

图 4.4　克深 1 井浆泥饼微观图（SEM）

鉴于以上情况，为了改善克深 1 井 6153m 处井浆泥饼质量，从以下几方面入手：

（1）由于原井浆中大于 30μm 的固相粒子含量高达 57.5%，有可能原井浆中固相颗粒发生团聚（可能由网状结构或聚集造成，由此导致终切力偏大，见表 4.19），致使大颗粒偏多，其他次级颗粒缺乏，因此，可考虑加入一定量的流型改进剂（具有拆散结构或弱分散功效）改变颗粒大小、级配。

（2）原井浆中中颗粒 1~10μm 含量比较高，可考虑加入一定量的惰性变形颗粒，使之包覆在中大颗粒以下的次级颗粒表面，同时借助惰性变形颗粒的变形能力，弥补中大颗粒和小颗粒缺失问题。

（3）保持原井浆中粒子大小、级配原来环境，直接补充缺乏的固相颗粒。为此，分别向原井浆中加入一定量的流型改进剂 SPNH、惰性降滤失剂 DJ-1、极压润滑剂 TRH220 及 10~30μm 粒径的 API 重晶石。其中，SPNH 兼有拆散结构、改进流型和降滤失作用，在一定程度上改善泥饼质量，降低滤失量；惰性降滤失剂 DJ-1 是一种由变形粒子构成的乳状液，变形粒子可以附着在固相粒子表面，具有润滑、填充和封堵作用；极压润滑剂 TRH220 直接改善泥饼润滑性、强度；10~30μm 粒径的 API 重晶石可直接补充中大颗粒比例并予以加重。实验考察了这些组分在温度为 150℃的情况下老化 16h 后对井浆性能的影响，其结果见表 4. 24。

表 4. 24　克深 1 井井浆（6153m）加入处理剂后的基本性能

处理剂	加量（%）	表观黏度（mPa·s）	塑性黏度（mPa·s）	动切力（Pa）	10″切力/10′切力（Pa/Pa）	API_B/API_K（mL/mm）	$HTHP_B/HTHP_K$（mL/mm）
SPNH	1	47	36	11	7. 0/11. 5	1. 8/1. 0	14. 4/2. 5
	2	53	44	9	7. 5/12. 0	1. 4/1. 0	14. 6/2. 5
	3	56	48	8	7. 0/10. 5	1. 2/1. 0	12. 0/2. 5
	4	57	48	9	7. 0/11. 5	1. 2/1. 0	12. 2/2. 5
DJ-1	1	46	33	13	7. 5/10. 5	2. 0/0. 5	13. 4/2. 0
	2	45	31	14	7. 0/11. 5	1. 4/0. 5	13. 6/2. 0
	3	46	32	14	7. 0/12. 0	1. 4/0. 5	12. 6/2. 0
	4	46	33	13	8. 0/11. 5	1. 2/0. 5	13. 2/2. 0
TRH220	0. 5	41	26	15	7. 0/11. 5	1. 8/1. 5	16. 4/3. 0
	1	43	29	14	7. 0/10. 5	2. 4/1. 5	16. 6/3. 0
	1. 5	44	32	12	7. 5/11. 0	1. 6/1. 5	14. 6/3. 0
	2	44	33	11	7. 0/11. 5	2. 2/1. 5	15. 2/3. 0
10~30μm 重晶石	1	57	39	18	8. 0/14. 5	2. 2/2. 5	18. 4/6. 0
	2	62	44	18	9. 5/16. 5	2. 4/2. 5	18. 6/6. 0
	3	77	57	20	10. 0/18. 5	2. 4/2. 5	18. 2/6. 0
	4	82	62	20	11. 0/21. 0	2. 8/2. 5	18. 2/6. 0

注：（1）井浆为密度 1. 70g/cm^3 的适度分散体系。

（2）API 滤失条件为 50℃/0. 7MPa/30min，HTHP 滤失条件为 150℃/3. 5MPa/30min。以下同。

由表 4. 24 数据可以看出，在克深 1 井 6153m 处井浆中加入流型改进剂 SPNH、惰性降滤失剂 DJ-1（微粒子填充剂）和极压润滑剂 TRH220 后，对其流变性几乎无影响，尤其加入流型改进剂 SPNH 后，其流变性有变好的趋势。这些处理剂的加入，大大地改善了颗粒大小与级配，泥饼变薄，致密，韧性好，滤失量尤其是 HTHP 滤失量降低，泥饼质量变好。但加入 10~30μm 粒径的 API 重晶石后，井浆增稠，切力增大，泥饼质量未得到改善，反而增厚，泥饼质量变差，这是由于引入 10~30μm 粒径的 API 重晶石后，最小次级颗粒仍缺失，处理后的井浆颗粒大小与级配并未得到改善，因而泥饼质量未见好转，直接引入 10~30μm 粒径的 API 重晶石来改善泥饼质量不可取。为此，实验考察了其他 3 种处理剂最优加量处理后的井浆泥饼质量特性，其结果见表 4. 25 至表 4. 28。由表 4. 25 可知，在井浆中加入一定量的流型改进剂 SPNH、惰性降滤失剂 DJ-1 和极压润滑剂 TRH220 后，粒度分布曲线双峰明显可见，大、中、小颗粒均有且比例适当，弥补了已缺乏的固相颗粒，粒度、级配极为合理，为有效架桥、中大颗粒填充和其他次级颗粒逐级填充、封堵提供了坚实基础。

结合表4.26至表4.28不难看出，泥饼强度由650g左右增加为1650g左右（HTHP泥饼的最终强度），泥饼厚度大大减薄，致密性变好，渗透率由47×10^{-3}mD左右下降为20×10^{-3}mD左右，同时弹塑性、润滑性也得到了良好改善。再结合图4.5至图4.7可以看出，在克深1井6153m处井浆中加入一定量的流型改进剂SPNH、惰性降滤失剂DJ－1和极压润滑剂TRH220后，泥饼中各级粒子连接紧凑、致密、光滑，尤其是加入DJ－1后，泥饼中固相颗粒表面包覆有DJ－1变形粒子，形成“镶嵌式”层状膜结构，泥饼尤为致密，表面发亮、光滑，韧性好，所有这些都有力地佐证了加入这些处理剂有利于改善克深1井井浆的泥饼质量整体特性。

表4.25　克深1井井浆加入不同处理剂后的粒度分析结果（150℃/16h）

处理剂及加量	激光粒度仪数据				粒度分布曲线
3%SPNH	$D_{10}=0.859\mu m$ $D_{50}=8.434\mu m$ $D_{90}=44.721\mu m$				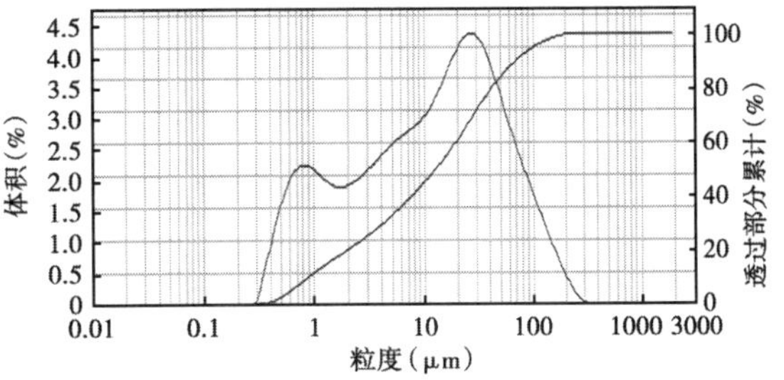体积（%） 透过部分累计（%） 粒度（μm） －2.2－ 平均，2011年4月19日 16:23:50
	所占比例（%）				
	<1μm	1~10μm	10~30μm	>30μm	
	1.5	30.1	30.4	37.5	
3%DJ－1	$D_{10}=1.129\mu m$ $D_{50}=9.511\mu m$ $D_{90}=52.918\mu m$				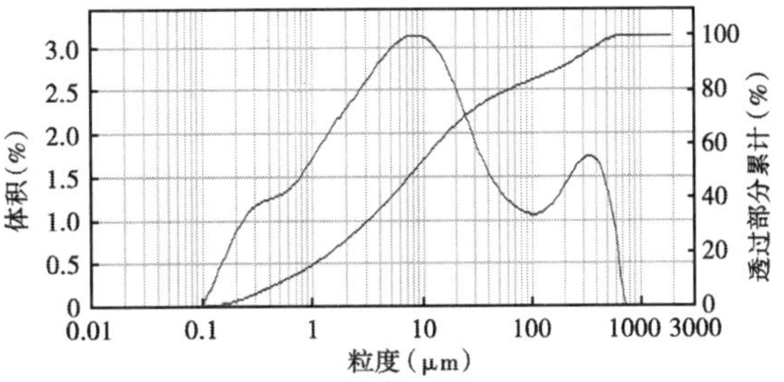体积（%） 透过部分累计（%） 粒度（μm） －4.1 －平均，2011年4月19日 16:59:58
	所占比例（%）				
	<1μm	1~10μm	10~30μm	>30μm	
	1.3	25.4	27.3	46.0	
1.5%TRH220	$D_{10}=0.985\mu m$ $D_{50}=7.191\mu m$ $D_{90}=39.062\mu m$				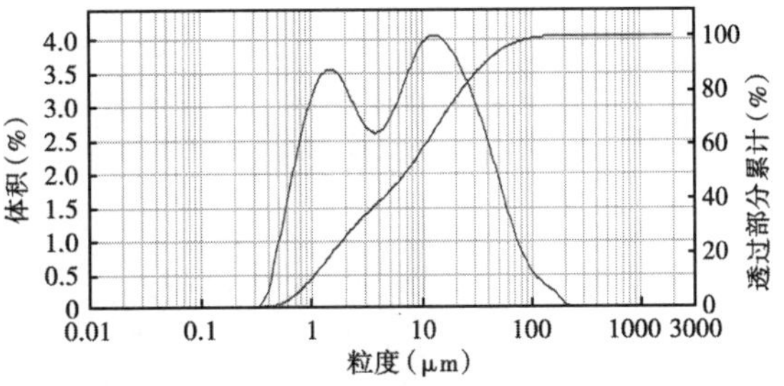体积（%） 透过部分累计（%） 粒度（μm） －+1%TRH-220热滚前 －平均，2011年7月19日 11:42:51
	所占比例（%）				
	<1μm	1~10μm	10~30μm	>30μm	
	1.2	26.3	28.4	44.1	

表 4.26 克深 1 井井浆加入不同处理剂后的泥饼厚度（150℃/16h）

处理剂	加量（%）	滤失条件	H_c（mm）	H_d（mm）	H_s（mm）	H_t（mm）
SPNH	3	API	0.355	0.442	0.248	1.045
		HTHP	0.933	0.966	0.682	2.581
DJ-1	3	API	0.285	0.474	0.228	0.987
		HTHP	0.607	0.873	0.544	2.024
TRH220	1.5	API	0.533	0.606	0.417	1.556
		HTHP	1.025	1.144	0.847	3.016

表 4.27 克深 1 井井浆加入不同处理剂后的泥饼弹塑性的影响（150℃/16h）

处理剂	加量（%）	滤失条件	C_c	C_d	C_s	C_e	C_i	C_t
SPNH	3	API	0.340	0.423	0.237	0.133	0.059	0.032
		HTHP	0.361	0.374	0.264	0.121	0.058	0.027
DJ-1	3	API	0.289	0.480	0.231	0.124	0.058	0.033
		HTHP	0.300	0.431	0.269	0.116	0.054	0.026
TRH220	1.5	API	0.343	0.389	0.268	0.147	0.050	0.035
		HTHP	0.340	0.379	0.281	0.124	0.057	0.029

表 4.28 克深 1 井井浆加入不同处理剂后的泥饼强度、润滑性及渗透率（150℃/16h）

处理剂	加量（%）	滤失条件	P_i（g）	P_f（g）	K（10^{-6}D）	K_f
SPNH	3	API	20	1000	26.12	0.1029
		HTHP	20	1650	20.37	0.0935
DJ-1	3	API	20	1020	28.15	0.1139
		HTHP	20	1670	21.62	0.0811
TRH220	1.5	API	20	1100	29.25	0.1327
		HTHP	20	1650	18.55	0.0945

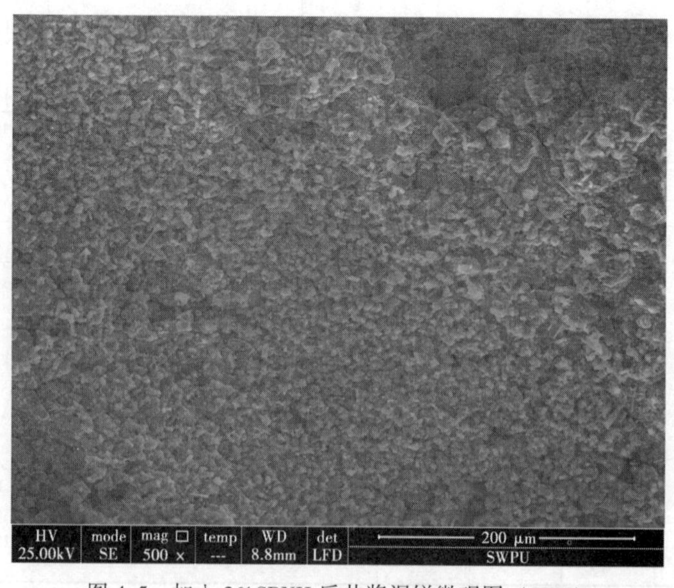

图 4.5 加入 3%SPNH 后井浆泥饼微观图（SEM）

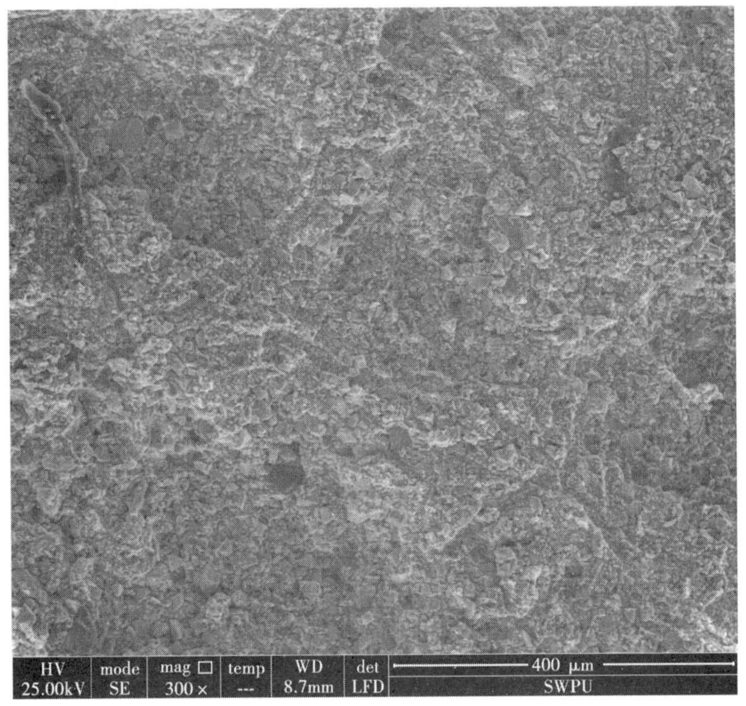

图 4.6 加入 3%DJ-1 后井浆泥饼微观图（SEM）

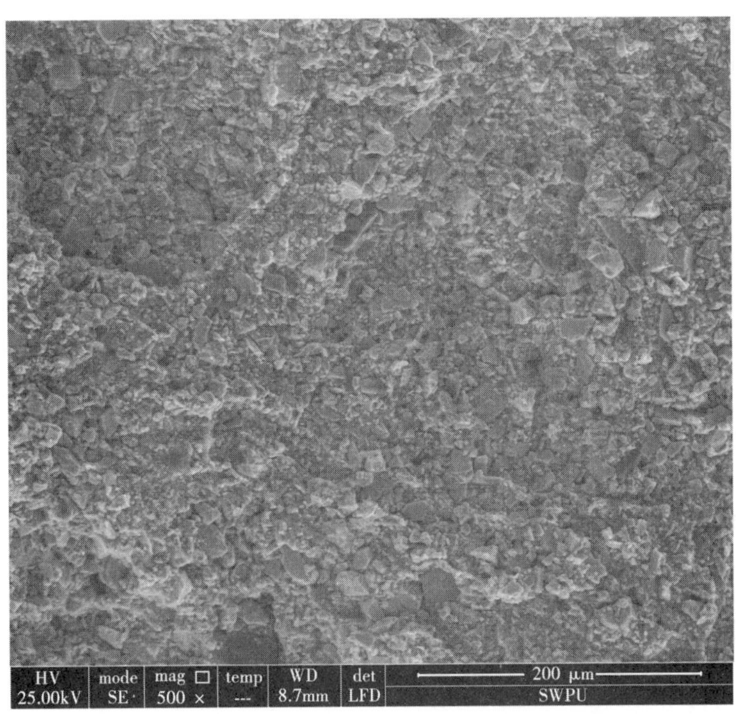

图 4.7 加入 1.5%TRH220 后井浆泥饼微观图（SEM）

考虑到这 3 种处理剂各自的特殊功能，实验考察了在各自最佳加量下复配后改善井浆泥饼质量特性的协同效应，其结果见表 4.29 至表 4.32。

表 4.29　处理剂复配后处理的克深 1 井井浆粒度分析结果（150℃/16h）

<table>
<tr><td colspan="4">激光粒度仪数据</td><td>粒度分布曲线</td></tr>
<tr><td colspan="4">D_{10} = 0.988μm
D_{50} = 18.343μm
D_{90} = 56.055μm</td><td rowspan="4"> 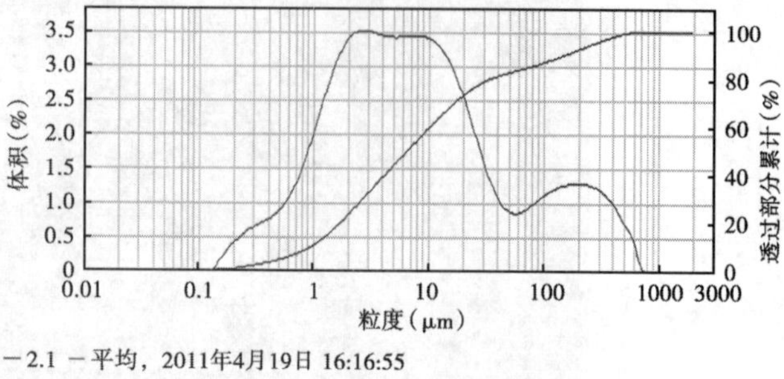</td></tr>
<tr><td colspan="4">所占比例（%）</td></tr>
<tr><td><1μm</td><td>1~10μm</td><td>10~30μm</td><td>>30μm</td></tr>
<tr><td>9.0</td><td>30.1</td><td>30.4</td><td>30.5</td></tr>
</table>

表 4.30　处理剂复配后对克深 1 井井浆泥饼厚度的影响（150℃/16h）

滤失条件	滤失量（mL）	H_c（mm）	H_d（mm）	H_s（mm）	H_t（mm）
API	0.8	0.233	0.304	0.279	0.816
HTHP	8.4	0.792	0.858	0.527	2.177

表 4.31　处理剂复配后对克深 1 井井浆泥饼弹塑性的影响（150℃/16h）

滤失条件	C_c	C_d	C_s	C_e	C_i	C_t
API	0.286	0.373	0.342	0.114	0.067	0.022
HTHP	0.364	0.394	0.242	0.099	0.083	0.019

表 4.32　处理剂复配后对克深 1 井井浆泥饼强度、润滑性及渗透率的影响（150℃/16h）

滤失条件	P_i（g）	P_f（g）	K（10^{-6}D）	K_f
API	20	1250	22.38	0.0933
HTHP	20	1870	12.47	0.0584

由表 4.29 数据可知，流型改进剂 SPNH、惰性降滤失剂 DJ-1 和极压润滑剂 TRH220 在最佳加量下复配后，处理的克深 1 井 6153m 处井浆中大、中、小固相颗粒比例基本处于同一水平，且小于 1μm 粒径的最小一级填充颗粒比例有所提高，形成了序列分布的连续合理粒径，大大改善了原井浆的粒子大小、级配，在泥饼形成过程中能很好地实现先架桥后逐级填充、封堵的理想充填效果，充分利用这 3 种处理剂的协同效应，最终形成的泥饼薄、致密、光滑、韧性好、强度高、弹塑性好，泥饼质量整体特性好，HTHP 滤失量大大降低，其结论与表 4.30 至表 4.32 实验数据吻合。

4.2.3.2　克深 203 井

克深 203 井现场井浆（井深 6031m）是密度为 2.33g/cm³ 的聚磺钻井液体系，井底温度为 140℃左右。其流变参数及泥饼质量参数见表 4.33 至表 4.36。

表 4.33 克深 203 井现场井浆流变参数

样品编号	表观黏度（mPa·s）	塑性黏度（mPa·s）	动切力（Pa）	10″切力/10′切力（Pa/Pa）	API_B/API_K（mL/mm）	$HTHP_B/HTHP_K$（mL/mm）
1	67	56	11	2.0/15.0	1.0/3.0	66.0/8.5
2	65	53	12	2.0/14.5	1.4/3.0	64.4/8.5
3	66	55	11	2.0/15.5	1.2/3.0	66.2/8.5

注：(1) 钻井液为密度 2.33g/cm^3 的适度分散体系，pH=9.0。

(2) API 滤失条件为 57℃/0.7MPa/30min，HTHP 滤失条件为 140℃/3.5MPa/30min。以下同。

表 4.34 克深 203 井现场井浆泥饼厚度参数

样品编号	滤失条件	H_c（mm）	H_d（mm）	H_s（mm）	H_t（mm）
1	API	1.118	1.005	0.897	3.020
	HTHP	3.629	2.943	1.665	8.237
2	API	1.034	0.942	0.863	2.839
	HTHP	3.617	2.892	1.933	8.442
3	API	1.113	1.020	0.993	3.126
	HTHP	3.548	3.015	1.753	8.316

表 4.35 克深 203 井现场井浆泥饼弹塑性参数

样品编号	滤失条件	C_c	C_d	C_s	C_e	C_i	C_t
1	API	0.370	0.333	0.297	0.246	0.029	0.012
	HTHP	0.441	0.357	0.202	0.655	0.053	0.015
2	API	0.364	0.332	0.304	0.223	0.022	0.014
	HTHP	0.428	0.343	0.229	0.674	0.054	0.018
3	API	0.356	0.326	0.318	0.247	0.023	0.016
	HTHP	0.427	0.363	0.211	0.667	0.057	0.013

表 4.36 克深 203 井现场井浆泥饼强度、润滑性及渗透率参数

样品编号	滤失条件	P_i（g）	P_f（g）	K（10^{-6}D）	K_f
1	API	2	500	68.92	0.2230
	HTHP	2	1950	49.88	0.1985
2	API	2	620	69.04	0.2136
	HTHP	2	1970	49.07	0.1965
3	API	2	500	69.42	0.2247
	HTHP	2	1950	49.32	0.1982

由表 4.33 可以看出，克深 203 井 6031m 处现场井浆具有良好的流变性能，API 滤失量似乎很理想，但 API 泥饼厚，HTHP 滤失量太大、HTHP 泥饼太厚，取出的失水严重浑浊（静置后有微粒沉积），HTHP 泥饼干，轻敲碎裂成块状，整体泥饼质量极为不好。从表

4.34 至表 4.36 不难看出，克深 203 井 6031m 处井浆所形成的泥饼渗透率极高，润滑性、弹塑性极不理想，奇怪的是泥饼强度超乎异常，高得出奇，针入度实验结束后泥饼散裂成块状，由此可见，克深 203 井 6031m 处井浆泥饼整体特性太差。为了弄清克深 203 井现场井浆泥饼质量差的根本原因，对其粒度、级配及泥饼微观结构进行了分析研究，其结果见表 4.37 及图 4.8。

表 4.37　克深 203 井现场井浆粒度分析数据

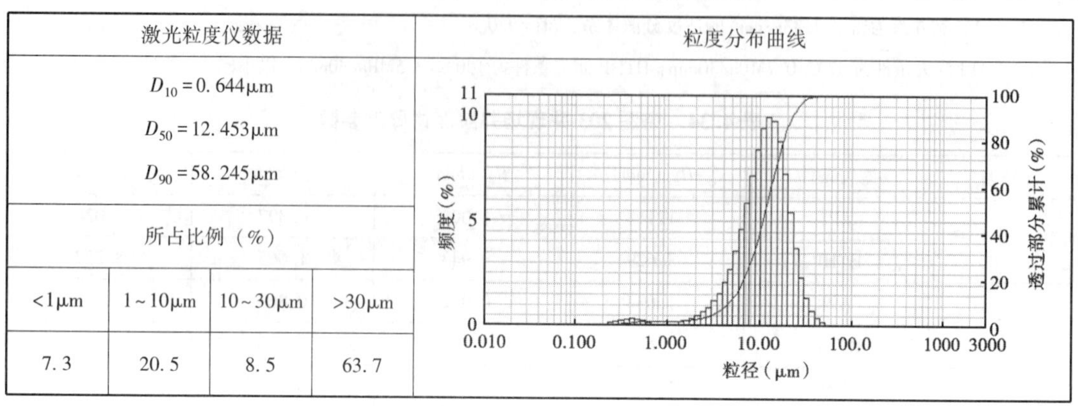

激光粒度仪数据				粒度分布曲线
$D_{10}=0.644\mu m$ $D_{50}=12.453\mu m$ $D_{90}=58.245\mu m$				
所占比例（%）				
<1μm	1~10μm	10~30μm	>30μm	
7.3	20.5	8.5	63.7	

图 4.8　克深 203 井浆泥饼微观图（SEM）（5000 倍）

由表 4.37 可以看出，克深 203 井 6031m 处井浆中固相粒径分布极不合理，体系中大于 30μm 和 1~10μm 粒径的固相粒子占据很高的比例，尤其粒径大于 30μm 的粒子偏多，小于 1μm 和介于 10~30μm 之间的固相粒子严重缺失，其结果是在泥饼形成过程中，可充分架桥，大颗粒却以团聚、整体运行的形式架桥，尾随的中大颗粒因严重缺失而无法有序充分填充，导致中颗粒和更小粒径的颗粒无序跟随填充，部分伴随压差作用而被滤除，最终以惯性效应和重力沉积的形式无序堆积，无法形成有序列分布的连续合理粒径，因而形成的泥饼孔隙发育、通道丰富，导致 HTHP 滤失量很大，泥饼厚、干、不致密，润滑性差、渗透率大，其强度高是由于固相颗粒表面具有黏性的包覆层和水化膜太薄、泥饼含水量太少所致。由图 4.8 可见，固相颗粒成团无序堆积，偶见大颗粒先架桥，尾随的其他颗粒集部分填充、堆积、附着为一体形成泥饼，并存有塌陷的蜂窝状孔隙、通道，形成的泥饼不致密、粗糙、干裂，润滑性差，进一步验证了克深 203 井 6031m 处井浆中固相粒径分布不合理带来的泥饼质量特性差的结论。

鉴于上述情况，为了改善克深 203 井井浆泥饼质量，可以从以下两方面入手：（1）加入抗高温降滤失剂 SMP-2 以提高井浆的护胶能力，降低滤失速度；（2）加入惰性封堵粒子 $CaCO_3$，改善粒子级配，改善泥饼强度。其结果见表 4.38。

表 4.38　克深 203 井井浆（6031m）加入单一处理剂后的基本性能

处理剂	加量（%）	表观黏度（mPa·s）	塑性黏度（mPa·s）	动切力（Pa）	10″切力/10′切力（Pa/Pa）	API_B/API_K（mL/mm）	$HTHP_B/HTHP_K$（mL/mm）
SMP-2	1	74	60	14	2.0/15.5	1.0/1.5	45.4/4.5
	2	77	64	13	2.5/16.0	1.2/1.5	34.6/4.5
	3	80	68	12	2.5/16.5	1.0/1.5	25.8/4.0
	4	89	72	17	2.5/17.5	1.2/1.5	22.2/4.0
$CaCO_3$	3	79	59	20	4.0/20.5	1.2/1.5	58.4/6.0
	4	85	64	21	4.5/22.5	1.4/1.5	58.4/5.5
	5	90	67	23	6.0/22.5	1.4/1.5	48.8/3.5
	6	97	72	25	8.0/24.0	1.8/1.5	48.8/3.0

注：（1）钻井液为密度 2.33g/cm^3 的适度分散体系，pH=9.0。

（2）API 滤失条件为 57℃/0.7MPa/30min，HTHP 滤失条件为 140℃/3.5MPa/30min。

（3）$CaCO_3$ 为 400 目与 2200 目以 1:1 混合的混合物。

由表 4.38 可以看出，单一加入一定量的降滤失剂 SMP-2 与 $CaCO_3$ 后，井浆滤失量降低幅度较大，HTHP 泥饼厚度明显减薄，但滤失量尤其 HTHP 滤失量仍然偏大，泥饼偏厚，为此，将 SMP-2 与 $CaCO_3$ 复配（3%SMP-2、5%$CaCO_3$）加入井浆中，考察了改进后的泥饼质量，其结果见表 4.39 至表 4.42。

表 4.39　克深 203 井井浆（6031m）加入复配处理剂后的基本性能

处理剂	表观黏度（mPa·s）	塑性黏度（mPa·s）	动切力（Pa）	10″切力/10′切力（Pa/Pa）	API_B/API_K（mL/mm）	$HTHP_B/HTHP_K$（mL/mm）
3%SMP-2+5%$CaCO_3$	87	68	19	4.5/16.5	0.8/1.5	13.4/2.5

由表 4.39 可以看出，当加入 3%SMP-2 与 5%$CaCO_3$ 后，克深 203 井井浆微微增稠，但幅度不大，流动性相当好，对改善泥饼质量效果明显，HTHP 滤失量大幅度降低，泥饼厚

度减薄至 2.5mm，泥饼质量得到有效改善。实验就改进后的新浆泥饼质量参数、粒度分布及泥饼微观结构进行了测定、分析，其结果见表 4.40 至表 4.43 及图 4.9。

表 4.40 克深 203 井新浆泥饼厚度参数

滤失条件	滤失量（mL）	H_c（mm）	H_d（mm）	H_s（mm）	H_t（mm）
API	0.8	0.730	0.428	0.275	1.433
HTHP	13.4	0.919	0.752	0.534	2.205

表 4.41 克深 203 井新浆泥饼弹塑性参数

滤失条件	C_c	C_d	C_s	C_e	C_i	C_t
API	0.509	0.299	0.192	0.134	0.099	0.032
HTHP	0.417	0.341	0.242	0.129	0.087	0.059

表 4.42 克深 203 井新浆泥饼强度、润滑性及渗透率参数

滤失条件	P_i（g）	P_f（g）	K（10^{-6}D）	K_f
API	20	1300	22.38	0.0863
HTHP	20	1650	15.47	0.0775

表 4.43 克深 203 井新浆粒度分析数据

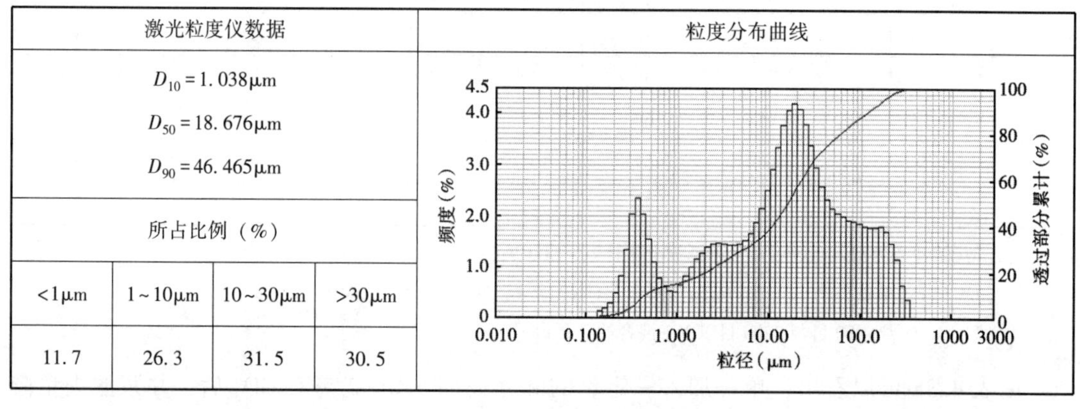

激光粒度仪数据				粒度分布曲线
$D_{10}=1.038\mu m$ $D_{50}=18.676\mu m$ $D_{90}=46.465\mu m$				（图）
所占比例（%）				
<1μm	1~10μm	10~30μm	>30μm	
11.7	26.3	31.5	30.5	

由表 4.43 可见，复配加入 SMP-2 与 $CaCO_3$（3%SMP-2+5%$CaCO_3$）后，克深 203 井井浆（6031m 处）粒度分布曲线由集中偏右的大颗粒分布变为大、中、小颗粒均有且比例适当的理想分布，弥补了已缺乏的固相颗粒，粒度、级配极为合理，为有效架桥、中大颗粒填充和其他次级颗粒逐级填充、封堵提供了坚实基础。结合表 4.40 至表 4.42 不难看出，泥饼强度高（HTHP 泥饼的最终强度为 1650g），泥饼厚度大大减薄，致密性变好，渗透率由 49×10^{-6}D 左右下降为 15×10^{-6}D 左右，同时弹塑性、润滑性也得到了良好改善。再结合图 4.9 可以看出，在克深 203 井井浆（6031m 处）中复配加入 SMP-2 与 $CaCO_3$（3%SMP-2+5%$CaCO_3$）后，泥饼中各级粒子连接紧凑，致密、光滑，韧性好，其泥饼质量整体特性得到有效改善。

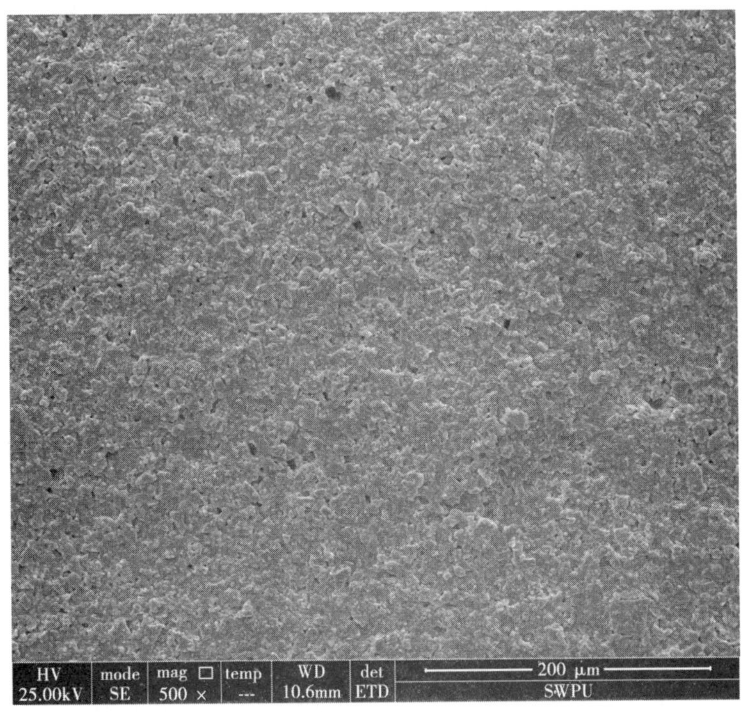

图 4.9　克深 203 井井浆改进后的 HTHP 泥饼微观图（SEM）

4.2.3.3　大北 303 井

大北 303 井井浆为 7290m 处的欠饱和盐水聚磺钻井液体系，密度为 2.41g/cm^3，温度为 160℃。其基本性能及 API 与 HTHP 泥饼质量参数见表 4.44 至表 4.47。

表 4.44　大北 303 现场井浆基本性能

样品平行号	表观黏度 (mPa·s)	塑性黏度 (mPa·s)	动切力 (Pa)	10″切力/10′切力 (Pa/Pa)	API_B/API_K (mL/mm)	$HTHP_B/HTHP_K$ (mL/mm)
1	68	59	9	3.0/9.0	2.0/3.0	68.8/8.0
2	69	57	12	2.5/9.0	2.4/3.0	65.4/8.0
3	70	58	12	3.0/9.5	2.2/3.0	69.2/8.0

注：(1) 钻井液为密度 2.41g/cm^3 的适度分散体系，pH=9.0。(2) API 滤失条件为 75℃/0.7MPa/30min，HTHP 滤失条件为 160℃/3.5MPa/30min。以下同。

表 4.45　大北 303 井现场井浆泥饼厚度参数

样品平行号	滤失条件	H_c (mm)	H_d (mm)	H_s (mm)	H_t (mm)
1	API	1.211	1.043	0.890	3.144
	HTHP	3.339	3.243	1.845	8.426
2	API	1.159	1.094	0.883	3.136
	HTHP	3.409	3.238	1.843	8.490
3	API	1.126	1.104	0.893	3.123
	HTHP	3.467	3.368	1.823	8.658

表 4.46 大北 303 井现场井浆泥饼弹塑性参数

样品平行号	滤失条件	C_c	C_d	C_s	C_e	C_i	C_t
1	API	0.385	0.332	0.283	0.254	0.030	0.013
	HTHP	0.396	0.385	0.219	0.676	0.056	0.019
2	API	0.370	0.349	0.282	0.253	0.027	0.014
	HTHP	0.402	0.381	0.217	0.674	0.054	0.018
3	API	0.361	0.353	0.286	0.249	0.028	0.013
	HTHP	0.400	0.389	0.211	0.669	0.055	0.018

表 4.47 大北 303 井现场井浆泥饼强度、润滑性及渗透率参数

样品编号	滤失条件	P_i（g）	P_f（g）	K（10^{-6}D）	K_f
1	API	2	600	67.87	0.2165
	HTHP	2	1850	47.72	0.1855
2	API	2	620	67.35	0.2144
	HTHP	2	1870	47.35	0.1865
3	API	2	600	68.54	0.2247
	HTHP	2	1900	48.54	0.1932

由表 4.44 不难看出，大北 303 井 7290m 处现场井浆的流变性能良好，API 滤失量较为理想，但 API 泥饼厚，HTHP 滤失量太大、HTHP 泥饼太厚，取出的失水严重浑浊（静置后有微粒沉积）、HTHP 泥饼干，轻敲碎裂成块状，整体泥饼质量极为不好（表 4.45 至表 4.47）。这种情况与克深 203 井的现场井浆（井深 6031m）极为相似。结合表 4.48 和图 4.10 不难发现，大北 303 井 7290m 处现场井浆情形与克深 203 井现场井浆（井深 6031m）也极为相似。

表 4.48 大北 303 井现场井浆粒度分析数据

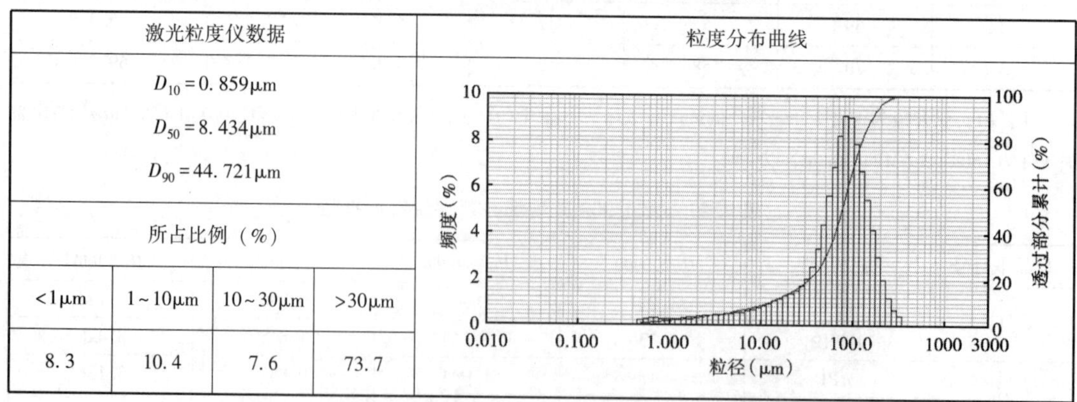

激光粒度仪数据				粒度分布曲线
D_{10}=0.859μm D_{50}=8.434μm D_{90}=44.721μm				
所占比例（%）				
<1μm	1～10μm	10～30μm	>30μm	
8.3	10.4	7.6	73.7	

针对上述情形，对大北 303 井 7290m 处现场井浆的处理，可借鉴克深 203 井现场井浆（井深 6031m）的处理方法，向大北 303 井 7290m 处现场井浆中复配加入 3%SMP-2 与 5%

图 4.10　大北 303 井泥饼微观图（SEM）

$CaCO_3$，改善泥饼质量，其结果见表 4.49 至表 4.52 及图 4.11。

表 4.49　大北 303 井新浆泥饼厚度参数

滤失条件	滤失量（mL）	H_c（mm）	H_d（mm）	H_s（mm）	H_t（mm）
API	0.8	0.595	0.477	0.282	1.354
HTHP	13.6	0.901	0.872	0.583	2.356

表 4.50　大北 303 井新浆泥饼弹塑性参数

滤失条件	C_c	C_d	C_s	C_e	C_i	C_t
API	0.439	0.352	0.208	0.103	0.078	0.038
HTHP	0.382	0.370	0.247	0.145	0.097	0.069

表 4.51　大北 303 井新浆泥饼强度、润滑性及渗透率参数

滤失条件	P_i（g）	P_f（g）	K（10^{-6}D）	K_f
API	20	1320	22.86	0.0856
HTHP	20	1850	13.74	0.0729

表 4.52　大北 303 井现场井浆粒度分析数据

<table>
<tr><td colspan="4">激光粒度仪数据</td><td>粒度分布曲线</td></tr>
<tr><td colspan="4">$D_{10}=0.936\mu m$
$D_{50}=10.454\mu m$
$D_{90}=46.765\mu m$</td><td rowspan="4">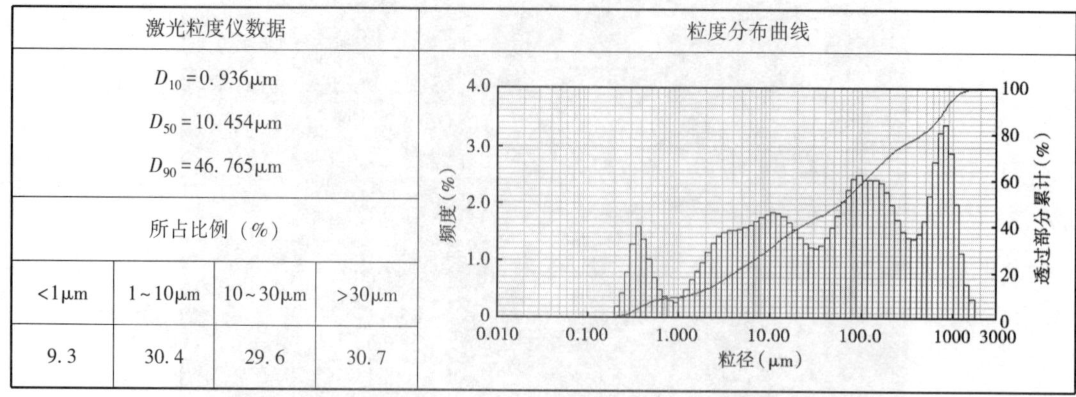</td></tr>
<tr><td colspan="4">所占比例（%）</td></tr>
<tr><td><1μm</td><td>1~10μm</td><td>10~30μm</td><td>>30μm</td></tr>
<tr><td>9.3</td><td>30.4</td><td>29.6</td><td>30.7</td></tr>
</table>

图 4.11　大北 303 井新井浆泥饼微观图（SEM）

由表 4.52 可见，复配加入 SMP-2 与 $CaCO_3$（3%SMP-2+5%$CaCO_3$）后，大北 303 井井浆（7290m 处）粒度分布曲线由原来集中偏右的大颗粒分布变为大、中、小颗粒均有且比例适当的理想分布，弥补了已缺乏的固相颗粒，粒度、级配极为合理，为有效架桥、中大颗粒填充和其他次级颗粒逐级填充、封堵提供了坚实基础。结合表 4.49 至表 4.51 数据不难看出，泥饼强度高（HTHP 泥饼的最终强度为 1850g），泥饼厚度大大减薄，致密性变好，渗透率由 48×10^{-6}D 左右下降为 14×10^{-6}D 左右，同时弹塑性、润滑性也得到了良好改善。再结合图 4.11 可以看出，在大北 303 井井浆（7290m 处）中复配加入 SMP-2 与 $CaCO_3$（3%SMP-2+5%$CaCO_3$）后，泥饼中各级粒子连接紧凑，致密、光滑，韧性好，其泥饼质量整体特性得到有效改善。

4.2.3.4 大北 302 井

大北 302 井井浆为泥饼密度 1.76g/cm³ 聚磺体系（井深 7457m），温度 150℃，其基本性能及 API 泥饼与 HTHP 泥饼质量参数见表 4.53 至表 4.56。

表 4.53 大北 302 井现场井浆基本性能

样品编号	表观黏度 (mPa · s)	塑性黏度 (mPa · s)	动切力 (Pa)	10″切力/10′切力 (Pa/Pa)	API_B/API_K (mL/mm)	$HTHP_B/HTHP_K$ (mL/mm)
1	62	52	10	4.5/10.5	0.6/0.5	6.0/2.5
2	63	53	10	4.0/11.0	0.4/0.5	5.6/2.5
3	63	53	10	4.0/10.5	0.6/0.5	6.0/2.5

注：(1) 钻井液为密度 1.76g/cm³ 的适度分散体系，pH=9.0。

(2) API 滤失条件为 50℃/0.7MPa/30min，HTHP 滤失条件为 150℃/3.5MPa/30min。以下同。

表 4.54 大北 302 井现场井浆泥饼厚度参数

样品编号	滤失条件	H_c (mm)	H_d (mm)	H_s (mm)	H_t (mm)
1	API	0.527	0.453	0.344	1.324
	HTHP	1.093	0.806	0.675	2.574
2	API	0.548	0.457	0.332	1.337
	HTHP	1.112	0.906	0.587	2.605
3	API	0.504	0.482	0.356	1.342
	HTHP	1.150	0.833	0.605	2.588

表 4.55 大北 302 井现场井浆泥饼弹塑性参数

样品编号	滤失条件	C_c	C_d	C_s	C_e	C_i	C_t
1	API	0.398	0.342	0.260	0.364	0.049	0.032
	HTHP	0.425	0.313	0.262	0.134	0.085	0.047
2	API	0.410	0.342	0.248	0.385	0.038	0.033
	HTHP	0.427	0.348	0.225	0.164	0.094	0.046
3	API	0.376	0.359	0.265	0.362	0.034	0.035
	HTHP	0.444	0.322	0.234	0.145	0.087	0.049

表 4.56 大北 302 井现场井浆泥饼强度、润滑性及渗透率参数

样品编号	滤失条件	P_i (g)	P_f (g)	K (10^{-6}D)	K_f
1	API	2	400	63.43	0.2327
	HTHP	2	550	62.32	0.2243
2	API	2	400	68.34	0.2148
	HTHP	2	540	67.35	0.2256
3	API	2	400	69.06	0.2134
	HTHP	2	550	61.35	0.2363

由表4.53可看出，大北302井7457m处现场井浆流变性能良好，API滤失量及HTHP滤失量与泥饼厚度均较理想，尤其HTHP滤失量仅有6.0mL左右，其泥饼厚度仅为2.5mm（目测）。但取出的HTHP泥饼强度极低，用清水轻轻冲刷即有大量固相颗粒流失，仅在滤纸上留下一层致密的“绒毛”状物质。从表4.54至表4.56不难看出，大北302井7457m处现场井浆所形成的泥饼渗透率高，润滑性、弹塑性均较差，尤其泥饼最终强度尤其不理想，HTHP泥饼最终强度仅仅为550g左右。可见，大北302井7457m处现场井浆泥饼质量较差。从表4.57可以看出，该井浆中固相粒度分布相当合理，按照逐级填充理论推断，该井浆应该具有很好的泥饼质量，但实际得到的HTHP泥饼质量并非如此，其原因在于：实际得到的HTHP泥饼表面附着一层致密的“蜘蛛网式绒毛”物质（图4.12），这种“绒毛”物质可能是在高温作用下井浆中处理剂交联形成的空间网架结构，这种致密的“蜘蛛网式绒毛”网架结构物质像弹簧那样阻挡了固相颗粒架桥、填充、逐级填充、封堵等作用，致使固相颗粒无法着床参与泥饼形成，因而导致泥饼强度低，渗透率高，润滑性差，弹塑性及强度系数极低。

表4.57　大北302井现场井浆粒度分析数据

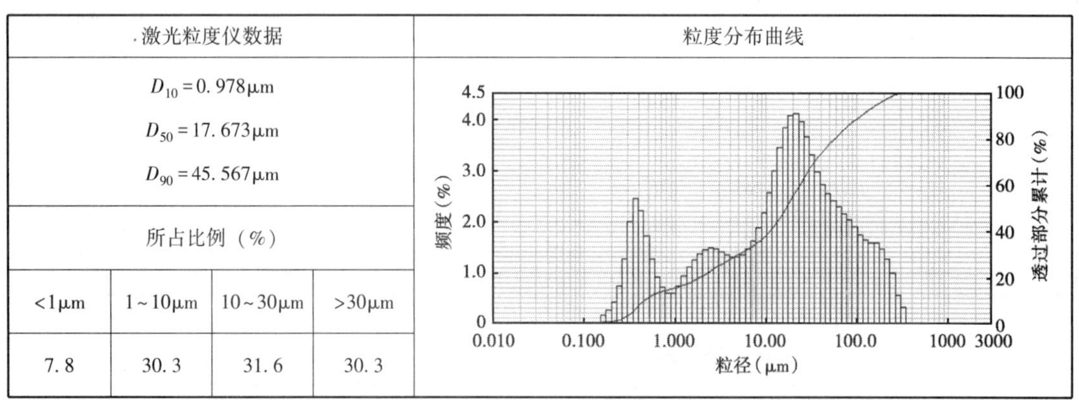

激光粒度仪数据				粒度分布曲线
$D_{10}=0.978\mu m$ $D_{50}=17.673\mu m$ $D_{90}=45.567\mu m$				
所占比例（%）				
<1μm	1~10μm	10~30μm	>30μm	
7.8	30.3	31.6	30.3	

图4.12　大北302井井浆泥饼微观图（SEM）

通过上述分析，欲改善该井浆泥饼质量，可从3方面入手：（1）适当降低井浆中可能发生高温交联的处理剂含量；（2）加入惰性封堵粒子$CaCO_3$（复配型），改善粒子级配，提高泥饼强度；（3）加入微软粒变形封堵剂DJ-1（惰性降滤失剂），使其附着（包覆）在固相颗粒表面，起到一定的润滑、填充、封堵作用。其基本性能见表4.58。

表4.58　大北302井井浆加入处理剂后的基本性能

处理剂	加量（%）	表观黏度（mPa·s）	塑性黏度（mPa·s）	动切力（Pa）	10″切力/10′切力（Pa/Pa）	API_B/API_K（mL/mm）	$HTHP_B/HTHP_K$（mL/mm）
$CaCO_3$	1	62	52	12	5.0/11.5	0.8/0.5	6.4/2.5
	2	63	51	13	4.5/10.0	0.6/0.5	5.6/2.5
	3	65	54	12	3.5/12.5	0.6/0.5	5.8/2.5
	4	66	52	12	4.5/11.5	0.6/0.5	6.2/2.5
DJ-1	1	63	52	12	4.5/15.5	0.8/0.5	7.4/2.5
	2	64	51	12	4.0/15.5	0.6/0.5	6.6/2.5
	3	64	52	11	4.0/15.0	0.4/0.5	6.2/2.5
	4	65	53	11	4.0/15.5	0.8/0.5	6.2/2.5

注：（1）钻井液为密度1.76g/cm^{3}的适度分散体系，pH=9.0。

（2）API滤失条件为50℃/0.7MPa/30min，HTHP滤失条件为150℃/3.5MPa/30min。

（3）表中$CaCO_3$颗粒为400目∶1250目∶2200目=1∶3∶1的混合物。以下同。

由表4.58可知，加入$CaCO_3$与DJ-1后，对井浆流变性能和滤失造壁性几乎无影响，但HTHP泥饼厚度有所减薄，变得致密。实验进一步考察了$CaCO_3$与DJ-1最优加量处理后的井浆泥饼质量特性。其结果见表4.59至表4.61。

表4.59　大北302井新浆泥饼厚度参数

处理剂	加量（%）	滤失条件	H_c（mm）	H_d（mm）	H_s（mm）	H_t（mm）
$CaCO_3$	3	API	0.399	0.502	0.313	1.214
		HTHP	1.019	0.883	0.682	2.584
DJ-1	3	API	0.323	0.474	0.367	1.164
		HTHP	1.022	0.898	0.623	2.543

表4.60　大北302井新浆泥饼弹塑性参数

处理剂	加量（%）	滤失条件	C_c	C_d	C_s	C_e	C_i	C_t
$CaCO_3$	3	API	0.329	0.414	0.258	0.103	0.039	0.032
		HTHP	0.394	0.342	0.264	0.111	0.058	0.047
DJ-1	3	API	0.277	0.407	0.315	0.104	0.038	0.033
		HTHP	0.402	0.353	0.245	0.116	0.054	0.046

表 4.61 大北 302 井新浆泥饼强度、润滑性及渗透率参数

处理剂	加量（%）	滤失条件	P_i（g）	P_f（g）	K（10^{-6}D）	K_f
$CaCO_3$	3	API	20	1120	26.64	0.1943
		HTHP	20	1550	16.37	0.1967
DJ-1	3	API	20	900	45.78	0.1054
		HTHP	20	1300	37.24	0.0963

由表 4.59 至表 4.61 不难看出，加入最优加量 $CaCO_3$ 与 DJ-1 后，井浆所形成的泥饼渗透率降低，最终强度大大提高。同时发现，加入 $CaCO_3$ 后，改善泥饼黏附系数效果不明显，惰性降滤失剂 DJ-1 对改善井浆泥饼黏附系数虽有明显的效果，但对改善泥饼最终强度、泥饼渗透率起到的作用不力。为此，实验将 $CaCO_3$ 与 DJ-1 在最佳加量下复配并将其加入井浆中，结合这两种处理剂的优点，考察了处理后的井浆泥饼质量。其结果见表 4.62 至表 4.64。

表 4.62 大北 302 井同时加入两种处理剂后新浆的泥饼厚度参数

滤失条件	滤失量（mL）	H_c（mm）	H_d（mm）	H_s（mm）	H_t（mm）
API	0.6	0.414	0.386	0.265	1.065
HTHP	6.4	0.907	0.735	0.435	2.077

表 4.63 大北 302 井同时加入两种处理剂后新浆的泥饼弹塑性参数

滤失条件	C_c	C_d	C_s	C_e	C_i	C_t
API	0.389	0.362	0.249	0.124	0.085	0.043
HTHP	0.437	0.354	0.209	0.134	0.076	0.057

表 4.64 大北 302 井同时加入两种处理剂后新浆的泥饼强度、渗透率及润滑性参数

滤失条件	P_i（g）	P_f（g）	K（10^{-6}D）	K_f
API	20	1350	18.67	0.0936
HTHP	20	1800	9.78	0.0754

由表 4.62 至表 4.64 数据可知，当复配加入两种处理剂（3%$CaCO_3$+3%DJ-1）后，井浆泥饼渗透率、黏附系数低，最终强度高，HTHP 滤失量低，泥饼薄（2.0mm 左右），泥饼质量整体特性优良。实验还发现，当复配加入两种处理剂（3%$CaCO_3$+3%DJ-1）后，井浆粒度分布很理想（表 4.65），粒度大小、级配相当合理，有利于形成高质量泥饼。由图 4.13 不难看出，HTHP 泥饼再没有“蜘蛛网式绒毛”网架结构物质，泥饼变得致密、均匀、薄、光滑。

表 4.65　大北 302 井同时加入两种处理剂后新浆的粒度分析数据

<table>
<tr><td colspan="4">激光粒度仪数据</td><td>粒度分布曲线</td></tr>
<tr><td colspan="4">$D_{10}=0.994\mu m$
$D_{50}=18.465\mu m$
$D_{90}=45.546\mu m$</td><td rowspan="4">4.5 4.0 3.0 2.0 1.0 0
频度（%）
100 80 60 40 20 0
透过部分累计（%）
0.010 0.100 1.000 10.00 100.0 1000 3000
粒径（μm）</td></tr>
<tr><td colspan="4">所占比例（%）</td></tr>
<tr><td><1μm</td><td>1～10μm</td><td>10～30μm</td><td>>30μm</td></tr>
<tr><td>9.0</td><td>30.3</td><td>30.4</td><td>30.3</td></tr>
</table>

图 4.13　大北 302 井同时加入两种处理剂后新浆的泥饼微观图（SEM）

4.2.3.5　克深 204 井

克深 204 井为 6747m 处的磺化防塌体系（聚磺体系），钻井液密度为 $1.93g/cm^3$，温度为 142℃。其基本性能及 API 泥饼与 HTHP 泥饼质量参数见表 4.66 至表 4.69。

表 4.66　克深 204 井现场井浆基本性能

样品编号	表观黏度（mPa·s）	塑性黏度（mPa·s）	动切力（Pa）	10″切力/10′切力（Pa/Pa）	API_B/API_K（mL/mm）	$HTHP_B/HTHP_K$（mL/mm）
1	76	64	12	5.0/17.0	2.0/0.5	6.4/2.0
2	76	63	13	5.5/17.5	1.8/0.5	6.8/2.0
3	76	65	11	5.0/17.0	1.8/0.5	6.4/2.0

注：（1）钻井液为密度 $1.93g/cm^3$ 的适度分散体系，pH=9.0。

（2）API 滤失条件为 50℃/0.7MPa/30min，HTHP 滤失条件为 142℃/3.5MPa/30min。以下同。

表 4.67　克深 204 井现场井浆泥饼厚度参数

样品平行号	滤失条件	H_c（mm）	H_d（mm）	H_s（mm）	H_t（mm）
1	API	0.392	0.318	0.275	0.985
	HTHP	0.99	0.735	0.642	2.367
2	API	0.367	0.357	0.269	0.993
	HTHP	0.994	0.786	0.643	2.423
3	API	0.384	0.342	0.278	1.004
	HTHP	0.974	0.767	0.655	2.396

表 4.68　克深 204 井现场井浆泥饼弹塑性参数

样品平行号	滤失条件	C_c	C_d	C_s	C_e	C_i	C_t
1	API	0.398	0.323	0.279	0.357	0.039	0.033
	HTHP	0.418	0.311	0.271	0.166	0.087	0.045
2	API	0.370	0.360	0.271	0.375	0.038	0.034
	HTHP	0.410	0.324	0.265	0.164	0.091	0.046
3	API	0.382	0.341	0.277	0.363	0.034	0.037
	HTHP	0.407	0.320	0.273	0.169	0.083	0.044

表 4.69　克深 204 井现场井浆泥饼强度、润滑性及渗透率参数

样品平行号	滤失条件	P_i（g）	P_f（g）	K（10^{-6}D）	K_f
1	API	2	480	69.46	0.2342
	HTHP	2	580	63.57	0.2134
2	API	2	450	69.56	0.2341
	HTHP	2	540	62.32	0.2155
3	API	2	480	69.37	0.2334
	HTHP	2	500	61.67	0.2135

由表 4.66 数据可知，克深 204 井 6747m 处现场井浆具有良好的流变性能，API 滤失量及 HTHP 滤失量均较理想。从表 4.67 至表 4.69 发现，该井浆所得到的泥饼厚度虽较为理想，但其强度，渗透性及润滑性均较差，尤其是最终强度仅为 550g 左右，强度极低。为此，就井浆进行了粒度分布测定和 HTHP 泥饼 SEM 图像扫描，其结果见表 4.70 和图 4.14。

表 4.70　克深 204 井现场井浆粒度分析数据

<table>
<tr><td colspan="4">激光粒度仪数据</td><td>粒度分布曲线</td></tr>
<tr><td colspan="4">$D_{10}=0.954\mu m$
$D_{50}=16.674\mu m$
$D_{90}=47.522\mu m$</td><td rowspan="4"> 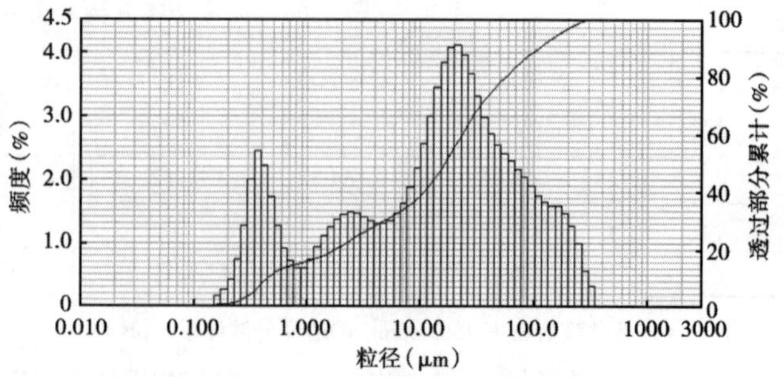</td></tr>
<tr><td colspan="4">所占比例（%）</td></tr>
<tr><td><1μm</td><td>1~10μm</td><td>10~30μm</td><td>>30μm</td></tr>
<tr><td>8.8</td><td>30.2</td><td>30.7</td><td>30.3</td></tr>
</table>

图 4.14　克深 204 井泥饼微观图（SEM）

由表 4.70 可知，该井浆中的固相粒度级配较为合理，大粒径、中大粒径、中粒径及小粒径的固相颗粒体积含量较为均一，但从 HTHP 泥饼 SEM 图像来看，该井浆的 HTHP 泥饼特性似大北 302 井（7457m）处井浆，HTHP 泥饼表面同样附着一层致密的“蜘蛛网式绒毛”物质（图 4.14），这种“绒毛”状物质可能是在高温作用下井浆中处理剂交联成的空间网架结构，这种致密的“蜘蛛网式绒毛”网架结构物质像弹簧那样阻挡了固相颗粒架桥、填充、逐级填充、封堵等作用，致使固相颗粒无法着床参与泥饼形成，从而导致泥饼强度低，渗透率高，润滑性差，弹塑性及强度系数极低。为此，在处理方法上类同大北 302 井，即向克深 204 井 6747m 处现场井浆中复配加入 3%$CaCO_3$（$CaCO_3$ 为 400 目∶1250 目∶2200 目 =1∶3∶1 的混合物）与 3% DJ-1，其结果见表 4.71 至表 4.74 及图 4.15。

表 4.71　克深 204 井新浆的泥饼厚度参数

滤失条件	滤失量（mL）	H_c（mm）	H_d（mm）	H_s（mm）	H_t（mm）
API	0.4	0.494	0.393	0.259	1.146
HTHP	5.4	0.912	0.755	0.427	2.094

表 4.72　克深 204 井新浆的泥饼弹塑性参数

滤失条件	C_c	C_d	C_s	C_e	C_i	C_t
API	0.431	0.343	0.226	0.155	0.074	0.055
HTHP	0.436	0.361	0.204	0.197	0.085	0.073

表 4.73 克深 204 井新浆的泥饼强度、渗透率及润滑性参数

滤失条件	P_i（g）	P_f（g）	K（10^{-6}D）	K_f
API	20	1300	20.24	0.0983
HTHP	20	1750	10.13	0.0678

表 4.74 克深 204 井新井浆粒度分析数据

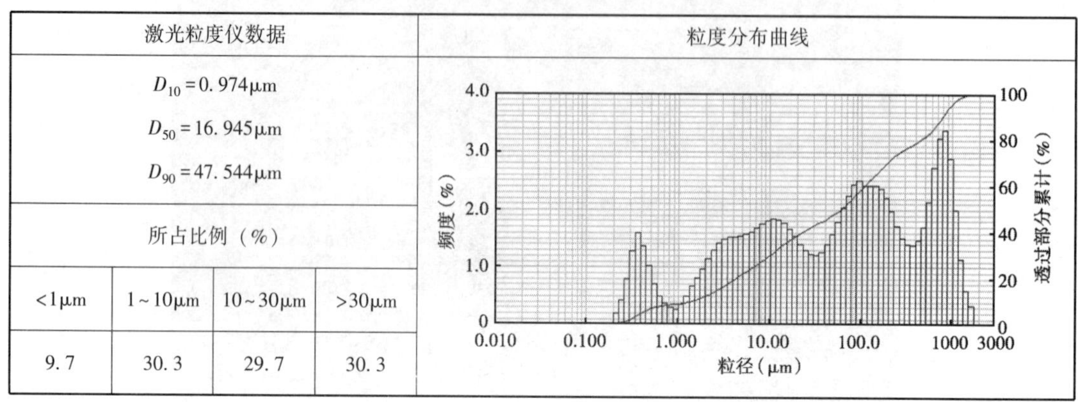

激光粒度仪数据				粒度分布曲线
D_{10} = 0.974μm D_{50} = 16.945μm D_{90} = 47.544μm				
所占比例（%）				
<1μm	1～10μm	10～30μm	>30μm	
9.7	30.3	29.7	30.3	

图 4.15 克深 204 井新井浆泥饼微观图（SEM）

由 4.71 至表 4.73 可知，当复配加入两种处理剂（3%$CaCO_3$+3%DJ-1）后，井浆泥饼渗透率、黏附系数低，最终强度高，HTHP 滤失量低，泥饼薄（2.0mm 左右），泥饼质量整体特性优良。实验还发现，当复配加入两种处理剂（3%$CaCO_3$+3%DJ-1）后，井浆粒度分布同样很理想（表 4.74），粒度大小、级配相当合理，有利于形成高质量泥饼。由图 4.15 不难看

出，HTHP 泥饼再没有“蜘蛛网式绒毛”网架结构物质，泥饼变得致密、均匀、薄、光滑。

通过以上大量实验研究和理论分析，钻井液泥饼质量控制方法可概括为：

（1）兼顾高密度水基钻井液尤其是饱和盐水钻井液流变性和造壁性，应将膨润土含量控制在“黏土量限”以内，低于上限，靠近下限。

（2）严格控制碱的加量，避免黏土因碱分散和处理剂因高碱而失效。聚磺体系 pH 值应控制在 9.0 合适。

（3）选择具有抑制性的大分子聚合物作为包被剂，既可提黏、切，有利于重晶石悬浮稳定性和沉降稳定性，又可提供强抑制性，抑制黏土水化分散膨胀。为了改善高密度盐水钻井液体系重晶石悬浮稳定性和沉降稳定性，适当加入对盐不敏感的结构剂 SM-1。

（4）选择抗高温抗高盐且分子量适当的 SMP-Ⅱ或 SMP-Ⅲ作为高密度（盐水）钻井液体系的降滤失剂，它是降低滤失量的关键聚合物处理剂。

（5）高温下，因降黏剂或稀释剂的使用不慎，将会促进黏土分散而影响钻井液性能的稳定，进而影响其流变性，为此，要正确使用降黏剂或稀释剂。

可选择 SPNH 与 SMC 作为流型改进剂。一方面利用 SPNH 与 SMC 在重晶石颗粒表面吸附带来的水化膜润滑减阻能力，改善流动性；另一方面，在高温作用下，能充分利用 SPNH、SMC 与 SMP-Ⅱ之间的适度高温交联作用协同改善钻井液流变性和造壁性，最终改善泥饼质量。

（6）为了改善泥饼质量，必须添加封堵剂。包括不同粒子大小、级配合理的刚性封堵剂 $CaCO_3$、惰性变形封堵剂沥青类（如 EFD-2）、惰性变形微粒子填充剂 DJ-1。结合重晶石，形成序列分布的连续合理粒径，实现理想的充填效果，建立低滤失量的致密泥饼。

（7）因大量 API 重晶石存在，必然引起体系和泥饼润滑性降低，有必要添加润滑剂 TRH-2（或 TRH220），借助 EFD-2 和 DJ-1 协同改善润滑性，同时改善流动性。

（8）减少处理剂种类、简化体系，避免因处理剂多而杂、体系烦琐带来的高黏度效应。

（9）保证体系抑制性和抗污染能力（黏土、Ca^{2+} 和 Mg^{2+}）强。高密度饱和盐水聚磺钻井液体系，具有强抑制性和抗污染能力的潜能。

通过全面深入研究，从理论上讲，采用 DL-Ⅱ型泥饼测试仪、API 中压滤失仪和 API 高温高压滤失仪，可定量测定泥饼厚度、弹塑性、渗透性、润滑性、强度 5 类 15 项性能指标，能全面系统地评价泥饼机械物理特性，即泥饼质量。但考虑到现场实际情况、快速获取数据、指导现场生产，全面评价这些指标并不现实。结合现场评价手段和 DL-Ⅱ型泥饼测试仪，经纵深分析认为，按表 4.75 项目测定，能科学地指导现场井浆泥饼质量控制。

表 4.75　现场井浆泥饼质量综合评价报告书

日　期	年 月 日	操作人员	×××
井　深	m	井号	×××
井浆体系	聚磺体系	pH	
钻井液密度	g/cm^3	井温	℃

续表

日 期	年 月 日	操作人员	×××
固相含量	%	MBT	g/L
HTHP 滤失量	mL	API 滤失量	mL
润滑性（黏附系数）K_f			

DL-Ⅱ型（HTHP 泥饼）测试项目

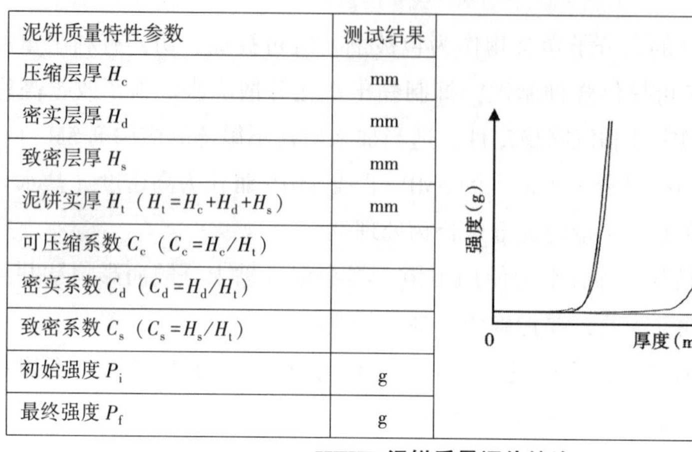

泥饼质量特性参数	测试结果
压缩层厚 H_c	mm
密实层厚 H_d	mm
致密层厚 H_s	mm
泥饼实厚 H_t（$H_t=H_c+H_d+H_s$）	mm
可压缩系数 C_c（$C_c=H_c/H_t$）	
密实系数 C_d（$C_d=H_d/H_t$）	
致密系数 C_s（$C_s=H_s/H_t$）	
初始强度 P_i	g
最终强度 P_f	g

HTHP 泥饼质量评价结论

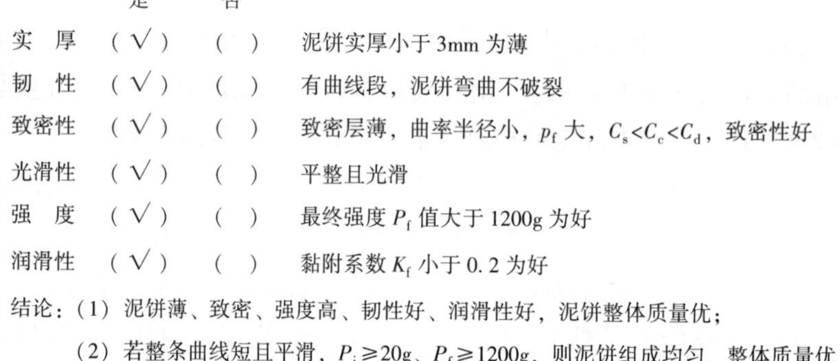

	是	否	
实 厚	（√）	（ ）	泥饼实厚小于 3mm 为薄
韧 性	（√）	（ ）	有曲线段，泥饼弯曲不破裂
致密性	（√）	（ ）	致密层薄，曲率半径小，p_f 大，$C_s<C_c<C_d$，致密性好
光滑性	（√）	（ ）	平整且光滑
强 度	（√）	（ ）	最终强度 P_f 值大于 1200g 为好
润滑性	（√）	（ ）	黏附系数 K_f 小于 0.2 为好

结论：（1）泥饼薄、致密、强度高、韧性好、润滑性好，泥饼整体质量优；

（2）若整条曲线短且平滑，$P_i \geqslant 20g$、$P_f \geqslant 1200g$，则泥饼组成均匀，整体质量优

按照表 4.78 泥饼质量综合指标要求，给出了适合于现场井浆泥饼质量评价程序：

（1）取出 API 高温高压滤失仪中的钻井液泥饼放置在 DL-Ⅱ型泥饼测试仪中，绘制以强度为纵坐标、厚度为横坐标的曲线，获得压缩层厚 H_c、密实层厚 H_d、致密层厚 H_s、初始强度 P_i、最终强度 P_f 5 项基础参数；

（2）再将钻井液泥饼放置在 API 中压滤失仪中按标准方法获得泥饼黏附系数 K_f。借助厚度—强度曲线，并通过实厚、韧性、致密性、光滑性、强度、润滑性 6 项指标评定泥饼质量整体特性。

（3）评判结论：泥饼实厚小于 3mm；有曲线段，泥饼弯曲不破裂；致密层薄、曲率半径小、P_f 大，$C_s<C_c<C_d$；平整且光滑；最终强度 P_f 值大于 1200g；黏附系数 K_f 小于 0.2，则泥饼薄、致密、强度高、韧性好、润滑性好，若同时满足整条曲线短且平滑，$P_i \geqslant 20g$、$P_f \geqslant 1200g$，则泥饼组成均匀，整体质量优。

参考文献

班德 H，1987. 用图像分析仪分析泥饼的结构 [J]. 选矿技术，128（4）：175-180.

陈晓云，杨立明，张宏军，2009. 提高固井二界面胶结质量技术在定向井中的有效应用 [J]. 钻采工艺，32（2）：97-103.

成仲良，傅阳朝，黄新文，1996. 利用泥饼厚度计算储层压力 [J]. 石油勘探与开发，23（5）：67-70.

崔茂荣，罗兴树，郭宝明，等，1996. 泥浆泥饼压缩性评价方法对比研究 [J]. 西南石油学院学报，18（1）：46-54.

[美] 达利 H C H，等，1994. 钻井液和完井液的组分与性能 [M]. 北京：石油工业出版社.

杜德林，1996. 泥饼可压缩性的定量研究 [J]. 钻井液与完井液，13（1）：4-9.

葛家理，1982. 油气层渗流力学 [M]. 北京：石油工业出版社.

顾军，2009. 固井二界面问题与泥饼仿地成凝饼科学构想 [J]. 石油天然气学报，31（1）：71-74.

郭东荣，李健鹰，朱墨，1990. 钻井液动滤失实验研究 [J]. 石油大学学报，14（6）：26-32.

郭庆国，1979. 关于粗粒土工程特性及其分类的探讨 [J]. 水利水电技术，（6）：53-57.

郭庆国，1998. 粗粒土的工程特性及应用 [M]. 郑州：黄河水利出版社.

龚晓南，1990. 土塑性力学 [M]. 杭州：浙江大学出版社.

何琰，吴念胜，1999. 确定孔隙结构分形维数的新方法 [J]. 石油实验地质，21（4）：372-375.

胡永宏，高锦屏，郭东荣，等，1993. 钻井液滤饼强度实验方法的建立 [J]. 石油大学学报（自然科学版），17（6）：45-49.

胡三清，李淑廉，郑延成，等，2000. 保护油层堵漏钻井液的研究 [J]. 石油钻探技术，28（1）：33-34.

黄汉仁，杨坤鹏，罗平亚，1981. 泥浆工艺原理 [M]. 北京：石油工业出版社.

黄立新，王昌军，罗春芝，2000. 油气层保护与内外泥饼关系的实验研究 [J]. 断块油气田，7（6）：24-26.

侯勤立，蒲晓林，崔茂荣，2001-08-01. 一种测量钻井液泥饼厚度的装置：中国，00244433 [P].

江山红，宋明全，刘贵传，等，2008. 高温高压泥饼胶结模拟评价系统的研制与应用 [J]. 石油仪器，22（1）：37-39.

江体乾，1990. 流变学进展 [M]. 上海：华东工学院出版社.

姜立新，毛星蕴，赵松年，等，2001. 液力过滤与液力压密脱水的理论（Ⅱ）[J]. 过滤与分离，11（3）：9-14.

姜立新，毛星蕴，赵松年，等，2002. 液力压榨脱水与压榨脱水的效率分析 [J]. 金属矿山，（10）：44-47.

蒋勇，2002. ZYLD 自动压滤机的研制 [J]. 过滤与分离，10（3）：21-23.

焦棣，1995. 动态滤失过程中泥饼形成的研究 [J]. 钻井液与完井液，12（1）：9-13.

焦棣，1995. 低渗地层动态泥饼形成的研究 [J]. 钻井液与完井液，12（3）：22-25.

景天佑，1993-05-26. 泥饼厚度测量仪：中国，91110919 [P].

雷宗明，1990. 泥饼网架结构的理论模式 [J]. 石油钻采工艺，（3）：27-32.

雷宗明，1992. 泥饼的压缩性方程 [J]. 钻采工艺，15（2）：13-14.

雷宗明，王德承，晏凌，等，1996. 井眼稳定理论在川东地区的应用 [J]. 重庆石油高等专科学校学报，（1）：5-11.

李建鹰，1988. 泥浆胶体化学 [M]. 东营：石油大学出版社.

李克向，1993. 保护油气层钻井完井技术 [M]. 北京：石油工业出版社.

李蔚萍，向兴金，岳前升，等，2007. HCF-A 油基泥浆泥饼解除液室内研究［J］. 石油地质与工程，21（5）：102-105

李文苹，1988. 十字流陶瓷膜微滤理论及其应用研究［D］. 天津：天津大学.

梁之跃，胡湘炯，陈庭根，1986. 压差因素对钻速影响的统计分析［J］. 华东石油学院学报（自然科学版），（2）：31-38.

刘向君，叶仲斌，陈一健等，2002. 泥饼质量对井壁周围应力和井壁稳定性的影响［J］. 石油钻采工艺，24（3）：11-13.

刘广信，肖生智，邹积宁，等，1996. 碎石土路基施工质量管理及检测方法［J］. 国外公路，16（4）：18-22.

罗茜，徐新阳，1999. 关于过滤理论与泥饼可压缩性的探讨（第一部分 表层过滤的特性和沉降的密切关系）［J］. 过滤与分离，（1）：1-7.

罗茜，徐新阳，1999. 关于过滤理论与泥饼可压缩性的探讨（第二部分 滤饼的可压缩性及比阻）［J］. 过滤与分离，（2）：1-8.

罗世应，罗肇丰，1995. 动态泥饼的渗透率计算方法探讨［J］. 钻井液与完井液，12（2）：20-23.

马喜平，赵敏，1995. 动泥饼渗透特性影响因素分析［J］. 石油钻探技术，23（3）：29-32.

马喜平，罗世应，1996. 动态泥饼微观结构研究［J］. 钻井液与完井液，13（2）：19-21.

牛亚斌，张达明，杨振杰，1994. 两性离子聚合物盐水重钻井液的研究及应用［C］. 1994 国际石油与石油化工科技研讨会.

潘卫国，孙颖，1993. 钻柱摩阻力模拟预测［J］. 钻采工艺，（2）：1-5.

潘永密，李斯特，1991. 化工机器［M］. 北京：化学工业出版社.

彭志刚，何育荣，冯茜，等，2005. 矿渣 MTC 固化泥饼能力及其行为原因分析［J］. 钻井液与完井液，22（5）：20-23.

任善强，雷鸣，1996. 数学模型［M］. 重庆：重庆大学出版社.

［日］日本土质工学会，1998. 粗粒土的现场压实［M］. 郭熙灵，文丹译. 北京：中国水利水电出版社.

芮延年，刘文杰，张志红，等，2002. 带式振动浓缩压榨脱水的机理研究［J］. 给水排水，1 2（2）：87-90.

盛国裕，2000. 超声测厚仪在材料检测中的应用［J］. 仪器仪表与分析监测，（3）：29-31.

石常省，谢广元，张悦秋，2006. 细粒煤压滤泥饼的微观结构分析［J］. 中国矿业大学学报，35（1）：99-103.

史颜文，1982. 大粒径粗粒坝料填筑标准的确定及施工控制［J］. 岩土工程学报，4（4）：78-93.

隋志强，2008. 声波测井中泥饼折射滑行波分析方法初探［J］. 石油地球物理勘探，43（3）：340-342.

索洛玛霍娃 T C，等，1996. 通风机气动略图和特性曲线［M］. 陈富礼，于绍和译. 北京：煤炭工业出版社.

童金忠，邢卫红，徐南平，等，1999. 陶瓷微滤膜强化过程的工艺条件研究［J］. 膜科学与技术，19（3）：36-40，43.

万仁溥，1996. 现代完井工程［M］. 北京：石油工业出版社.

王继庄，1994. 粗粒土的变形特性和缩尺效应［J］. 岩土工程学报，16（4）：89-95.

王珺，董延亮，2004. 多探测器密度测井泥饼影响的研究［J］. 天然气工业，24（8）30-31.

王平全，周世良，2003. 钻井液处理剂及其作用原理［M］. 北京：石油工业出版社.

王瑞英，2001. 分形几何的特征及其维数［J］. 德州学院学报，17（2）：21-24.
王西安，杨敏，李文华，1998. 泥饼流变模型的研究［J］. 断块油气田，5（6）：52-54.
王中来，1989. 泥饼压缩指数概述［J］. 化工装备技术，（3）：6-9.
吴飞，1997. 泡沫泥饼形成机理［J］. 探矿工程，（4）：43-45.
吴久峰，1996. 激光测厚仪的原理及应用［J］. 武钢技术，34（7）：47-51.
吴志均，杨宪民，唐红君，1997. 泥饼质量评价方法探讨［J］. 钻井液与完井液，14（6）：6-8.
谢广元，欧泽深，张洪安，2001. 新型快速精煤压滤机与脱水工艺的研究［J］. 中国矿业大学学报，30（4）：375-378.
徐新阳，徐继润，刘振山，2000. 泥饼过滤过程的计算机模拟程序设计［J］. 过滤与分离，110（4）：4-7.
徐同台，陈乐亮，罗平亚，等，1994. 深井泥浆［M］. 北京：石油工业出版社.
徐同台，赵忠举，2004. 21 世纪初国外钻井液和完井液技术［M］. 北京：石油工业出版社.
徐同台，赵忠举，袁春，2004. 国外钻井液和完井液技术的新进展［J］. 钻井液与完井液，21（2）：1-10.
徐新阳，邓常烈，罗莆，等，1993. 泥饼结构的分形研究［J］. 金属矿山，（9）：42 -46.
徐新阳，罗莆，2001. 泥饼的可压缩性与泥饼比阻的研究［J］. 金属矿山，（12）：34-42.
徐祖爔，1990. 压差泥饼粘附卡钻的预防及其解卡方法［J］. 中国井矿盐，（4）：8-11.
许莉，李文萍，鲁淑群，等，2000. 泥饼结构的分形研究［J］. 过滤与分离，10（4）：22-25.
许莉，朱企新，鲁淑群，等，2000. 过滤理论研究与过滤实践中的几个问题［J］. 化工机械，27（5）：287-291.
鄢捷年，罗平亚，1982. 抗高温抗盐失水控制剂磺甲基酚醛树脂（SMP）作用机理的研究［J］. 西南石油学院学报，（2）：1-15.
鄢捷年，2001. 钻井液工艺学［M］. 东营：石油大学出版社.
杨宝林，顾军，郑涛，等，2009. 泥饼厚度对固井二界面胶结强度的影响［J］. 西安石油学院学报，26（1）：42-46.
杨海波，冯德杰，2010. 泥饼酸洗与筛管分段一体化工艺配套及应用［J］. 石油机械，38（4）：16-18.
袁龙蔚，1986. 流变力学［M］. 北京：科学出版社.
袁龙蔚，1986. 流变学的新进展［J］. 大自然探索，5（3）：33-38.
张智，屈智炯，1990. 粗粒土湿化特性的研究［J］. 成都科技大学学报，（5）：51-56.
张斌，屈智炯，1991. 考虑剪胀和软化特性的粗粒土应力-应变模型［J］. 岩土工程学报，13（6）：64-69.
张达明，徐同台，牛亚斌，等，1995. 用冷冻干燥技术研究钻井液及泥饼的微观结构［J］. 钻井液与完井液，12（3）：1-7.
张克勤，陈乐亮，1988. 钻井技术手册（二）钻井液［M］. 北京：石油工业出版社.
张宁生，1991. 颗粒堵塞与滤液侵入地层的数学模型初探［J］. 石油钻采工艺，13（3）：29-37.
张宁生，1986. 用微模型可见技术研究固体颗粒对地层的损害机理［J］. 石油钻采工艺，8（6）：1-6.
张绍槐，罗平亚，1992. 保护储集层技术［M］. 北京：石油工业出版社.
赵正修，1989. 石油化工压力容器设计［M］. 北京：石油工业出版社.
郑力会，张洪杰，2006. 光电机一体化测量钻井液泥饼厚度的技术研究［J］. 石油天然气学报，28（3）：404-406.
周凤山，倪文学，赵明方，等，1999. 泥饼强度影响因素研究［J］. 西安石油学院学报，14（4）：22-25.
周凤山，赵明方，倪文学，等，1999. 泥饼厚度影响因素研究［J］. 西安石油学院学报，14（5）：26-28.

周凤山，赵明方，倪文学等．泥饼弹塑性影响因素研究［J］．西安石油学院学报，1999，14（6）：12-14.
周凤山，王世虎，李继勇，2003．泥饼结构物理模型与数学模型研究［J］．西安石油学院学报，20（3）：4-8.

Albert Hartmann，Mustafa Ozerler，1988. Analysis of Mudcake Structures Formed under Simulated Borehole Conditions［C］．SPE 15413.

Arthur K G，Peden J M，1988. The Evaluation of Drilling Fluid Filter Cake Properties and Their Influence on Fluid Loss［C］．SPE 17677.

Baker R J，Fane A G，Fell C J D，et al，1985. Factors Affecting Flux in Cross Flow Filtration［J］. Desalination，53：81-93.

Chenevert M E，Al-Abri S，Liang Jin，1994. Novel Procedures accurately Measure Drilling Mud Dynamic Filtration［J］. Oil and Gas Journal，92（17）：62-66.

Chessor B G，Clark D E，1994. Dynamic and Static Filtrate Loss Techniques for Monitoring Filter Cake Quality Improves Drilling Performance［C］. SPE 20439.

ClydeOrr，1977. Filtration（Principles and Practices）Part Ⅰ［M］．Marcel Dekker Inc.

Davis R H，Leighton D T，1987. Shear - Induced Transport of Particle Layer along a Porous Wall［J］. Chem. Eng. Sci.，42：275-281.

Eck B，1973. Fans，Flow Investigation in Pumping Loops of Gas Lasers［M］. Pergamon Press，Oxford.

EI-Wazeer F，Hangtag- ADCO Abu Dhabi M，EI-Farouk-Sperry Sun Abu Dhabi，1999. Formation Evaluation Masked by Mud Invasion［C］. SPE 53152.

Faruk Civan U，1994. A Multi-Phase Mud Filtrate Invasion and Wellbore Filter Cake Formation Model［C］. SPE 28709.

Fordham E J，Ladva H K J，1988. Filtration of Bentomite Mud under Different Flow Conditions［C］. SPE 18038.

Gray G R，Darley H C H，Rogers W F，1980 . Composition and Properties of Oil Well Fluids［M］. Fourth Edition. Gulf Publishing Company Houston Texas.

Hartmann A，1988. Drilling Engineering［J］. SPE，（12）：395-402.

Jiao D，Sharma M M，1964. Mechanism of Cake Buildup in Cross flow Filtration of Colloidal Suspensions［J］. Colloid and Interface Sci.，162：454.

Jonsson G，Pradanos P，Hernandez A，1996. Fouling Phenomena in Microporous Membranes：Flux Decline Kinetics and Structural Modifications［J］. J. Membr Sci.，112：171-183.

Lonqeron D G，1998. Drilling Fluids Filtration and Permeability Impairment：Performance Evaluation of Various Mud Formulations［C］. SPE 48988.

Outmans H D，1963. Mechanics of Static and Dynamic Filtration in the Borehole［J］. SPE Journal，Sept：236.

Richard J Wireman，1999. Filtration：Equipment Selection，Modelling and Process Simulation［M］. Elsevier Advanced Technology：51-100.

Rushton A，1997. Cake filtration theory & practice；Past，present & future［C］. 3rd China-Japan inter-national Conference on F&S Wu-Xi China.

Schenk Filterbdu Gmbh，1993. The Future of Sludge Dewatering［J］．Filtration and Separation，May：211-213.

Willmer S A，1997. The Importance of Cake Compressibility in Dead End Pressure Filtration［C］. Budapest，Hungary：7th WFC.

Yeh S H, 1985. Cake Dewatering and Radial Filtration, Doctoral Dissertation [D]. Houston, Texas : University of Houston.

Zydney A L, Colton C K , 1986. A Concentration Polarization Model for the Filtrate Flux in Cross-flow Microfiltration of Particulate Suspensions [J]. Chem. Eng. Commum. , 47: 1-21.